"十四五"职业教育国家规划教材

成本业务核算

（第2版）

主　编　李若亮　王彦华　陈登坤

副主编　刘伟丽　李亚琳　杨　茹

　　　　张　艳

北京理工大学出版社

BEIJING INSTITUTE OF TECHNOLOGY PRESS

内 容 简 介

　　本教材是为满足中等职业教育会计专业成本会计课程的教学需要而编写的，以制造业成本为例，依据最新《企业会计准则》介绍了从生产投料到产品入库整个过程的成本核算。教材分为八个项目，前六个项目重点学习"品种法"，后两个项目简单介绍"分批法"和"分步法"，以实操为主，让学生在实操中体会和学习成本会计，感受成本核算的乐趣。

图书在版编目（CIP）数据

　　成本业务核算 / 李若亮，王彦华，陈登坤主编. —2版. —北京：北京理工大学出版社，2023.7重印

　　ISBN 978-7-5682-6239-2

　　Ⅰ.①成⋯　Ⅱ.①李⋯②王⋯③陈⋯　Ⅲ.①成本计算–中等专业学校–教材　Ⅳ.①F231.2

　　中国版本图书馆CIP数据核字（2019）第266118号

出版发行 / 北京理工大学出版社有限责任公司
社　　址 / 北京市海淀区中关村南大街5号
邮　　编 / 100081
电　　话 / （010）68914775（总编室）
　　　　　　（010）82562903（教材售后服务热线）
　　　　　　（010）68944723（其他图书服务热线）
网　　址 / http://www.bitpress.com.cn
经　　销 / 全国各地新华书店
印　　刷 / 定州市新华印刷有限公司
开　　本 / 787毫米×1092毫米　1/16
印　　张 / 10
字　　数 / 228千字
版　　次 / 2023年7月第2版第2次印刷
定　　价 / 31.00元

责任编辑 / 张荣君
文案编辑 / 代义国
责任校对 / 孟祥敬
责任印制 / 边心超

前 言
PREFACE

  党的二十大报告中指出："教育是国之大计、党之大计。培养什么人、怎样培养人、为谁培养人是教育的根本问题。"中等职业教育是现代职业教育重要的组成部分，做为多年从事中职学校成本会计教学的老师，我们深深感受到了教授成本会计之难。中职学生自主性差、学习能力弱，传统成本会计教材既不符合中职学生的学习习惯，又太过注重理论，学生难以接受，从而厌学。为切实贯彻"做中学，做中教"的教育理念，经过几年的探索和实践，我们编写了这本教材。

  本教材对以往中职成本会计教学模式进行了彻底的颠覆，删除了不适合中职学生学习和掌握的内容，以实操为主，在实操中学习理论。教材分为八个项目，每个项目的主体结构分为"带一带""练一练""想一想"，项目之间环环相扣，循序渐进地融入了中职学生需掌握的成本核算的各知识点，让学生在不知不觉中就进入了成本会计的天地。

  与本教材配套出版的有《成本业务核算习题集》、课件及教材电子答案等，结合使用方能起到最佳效果。

课时分配建议表

教学内容	课时
项目一　品种法综合学习一	12
项目二　品种法综合学习二	10
项目三　品种法综合学习三	14
项目四　品种法综合学习四	16
项目五　品种法综合学习五	14
项目六　品种法综合学习六	14
项目七　简单介绍分批法	8
项目八　简单介绍分步法	8
合计（学时）	96

　　本教材由河北商贸学校李若亮、王彦华老师和深圳市华阳国际工程设计股份有限公司独立董事陈登坤担任主编，河北商贸学校刘伟丽、李亚琳、张艳和石家庄信息工程职业学院杨茹老师担任副主编。教材编写分工如下：项目一、二、三、五、八分别由王彦华、刘伟丽、李亚琳、杨茹、张艳编写；项目四、七由李若亮编写；项目六由陈登坤编写；最后由李若亮对全书进行总纂修改。在教材编写过程中三一重工股份有限公司财务总监刘华提出了许多宝贵意见，在此表示衷心的感谢。

　　本书适用于中等职业教育会计专业教学之用，由于编者水平有限，望广大教师和学生对本书中存在的问题提出批评和建议，以便更正。

目 录
CONTENTS

项目一　品种法综合学习一

任务一　带一带 ·· 1

任务二　练一练 ·· 14

任务三　想一想 ·· 20

项目二　品种法综合学习二

任务一　带一带 ·· 21

任务二　练一练 ·· 31

任务三　想一想 ·· 37

项目三　品种法综合学习三

任务一　带一带 ·· 38

任务二　练一练 ·· 53

任务三　想一想 ·· 61

项目四　品种法综合学习四

任务一　带一带 ·· 62

任务二　练一练 ……………………………………………………………… 78

任务三　想一想 ……………………………………………………………… 87

项目五　品种法综合学习五

任务一　带一带 ……………………………………………………………… 88

任务二　练一练 …………………………………………………………… 102

任务三　想一想 …………………………………………………………… 110

项目六　品种法综合学习六

任务一　带一带 …………………………………………………………… 111

任务二　练一练 …………………………………………………………… 126

任务三　想一想 …………………………………………………………… 136

项目七　简单介绍分批法

任务一　带一带 …………………………………………………………… 137

任务二　练一练 …………………………………………………………… 141

任务三　想一想 …………………………………………………………… 143

项目八　简单介绍分步法

任务一　带一带 …………………………………………………………… 144

任务二　练一练 …………………………………………………………… 149

任务三　想一想 …………………………………………………………… 152

参考文献

项目一
品种法综合学习一

知识目标

　　对产品成本计算的基本方法——品种法的处理流程有一个基本的认识，掌握以下知识点：品种法的概念、成本核算需设置的账户、费用要素、成本项目、材料费用按实际消耗量比例法分配、职工薪酬按生产工时比例法分配、其他费用按发生地点和用途分配、制造费用按生产工时比例法分配、生产成本在完工产品与在产品之间的分配（不计算在产品成本法）、要素费用分配的一般方法。

技能目标

　　掌握各种费用分配表、明细账的登记和计算。

任务导入

任务一　带一带

1.1　任务目标

　　在教师的带领下将本项目1.2品种法综合案例一"带一带"完成，初步认识产品成本计算的基本方法——品种法的处理流程，初步掌握以下知识点：品种法的概念、成本核算需设置

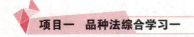

的账户、费用要素、成本项目、材料费用按实际消耗量比例法分配、职工薪酬按生产工时比例法分配、其他费用按发生地点和用途分配、制造费用按生产工时比例法分配、生产成本在完工产品与在产品之间的分配（不计算在产品成本法）、要素费用分配的一般方法。

1.2 任务内容（品种法综合案例一"带一带"）

1. 案例资料

（1）大江公司（制造企业）设一个基本生产车间、一个辅助（供电）生产车间，大量生产X、Y两种产品。

（2）产量记录如表1-1所示。

表1-1 产量记录

202×年9月   件

产品名称	月初在产品	本月投产	本月完工	月末在产品
X	20	2 000	2 010	10
Y	30	1 200	1 210	20

（3）本月发生A材料费用65 000元，共同耗用的材料按实际消耗量比例分配（如表1-2所示）。

表1-2 本月发生的材料费用

产品或部门	基本生产车间			供电车间	基本生产车间一般耗用	厂部管理部门	合计
	X产品	Y产品	小 计				
材料费用/元			55 000	3 000	5 000	2 000	65 000
材料实际消耗量/千克	2 000	3 000	5 000				

（4）本月发生的工资费用如表1-3所示。

表1-3 工资费用

产品或部门	基本生产车间生产工人			供电车间	基本生产车间管理人员	专设销售机构	厂部管理部门	合计
	X产品	Y产品	小 计					
工资费用/元			30 000	4 000	20 000	1 000	1 000	56 000
生产工时/小时	180	120	300					

（5）本月发生的其他费用（差旅费用库存现金支付，办公费和劳动保护费均用银行存款支付）如表1-4所示。

表1-4 本月发生的其他费用 元

项目	基本生产车间	供电车间	厂部管理部门	合计
差旅费	4 000	1 600	2 400	8 000
办公费	2 800	1 000	1 200	5 000
劳动保护费	3 000	2 000	1 000	6 000
合计	9 800	4 600	4 600	19 000

（6）本月辅助生产车间提供的劳务量情况如表1-5所示。

表1-5 劳务供应量

供应对象		供电度数/度
基本生产车间	X产品	5 000
	Y产品	8 000
	一般耗用	1 000
企业管理部门		2 000
合 计		16 000

2. 要求

根据上述资料计算X、Y两种产品的成本，填列各种"费用分配表"编制有关记账凭证（分录），登记"辅助生产成本明细账""制造费用明细账""基本生产成本明细账""产品成本计算单"（为节省工作量，其他账簿略；为简化核算，除特殊说明外本教材分配率、单位成本一律保留两位小数）。

3. 部分费用分配表及账页如下

（1）材料费用分配表如表1-6所示。

表1-6 材料费用分配表

应借账户			实际耗用量/千克	材料费用	
总账账户	明细账户	成本或费用项目		分配率	分配额/元
基本生产成本	X产品	直接材料	①	⑤=④/③	⑥=①×⑤
	Y产品	直接材料	②		⑦=④-⑥
	小计		③=①+②		④
辅助生产成本	供电车间	材料费			
制造费用	基本生产车间	机物料消耗			
管理费用		材料费			
合 计					

（2）工资费用分配表如表1-7所示。

表1-7　工资费用分配表

应借账户			生产工时/小时	工 资	
总账账户	明细账户	成本或费用项目		分配率	分配额/元
基本生产成本	X产品	直接人工	①	⑤＝④/③	⑥＝①×⑤
	Y产品	直接人工	②		⑦＝④－⑥
	小　计		③＝①＋②		④
辅助生产成本	供电车间	职工薪酬			
制造费用	基本生产车间	职工薪酬			
销售费用		职工薪酬			
管理费用		职工薪酬			
合　计					

（3）其他费用分配表如表1-8所示。

表1-8　其他费用分配表　　　　　　　　　　　元

应借账户		分配额
总账账户	明细账户	
制造费用	基本生产车间	
辅助生产成本	供电车间	
管理费用		
合　计		

（4）辅助生产成本明细账如表1-9所示。

表1-9　辅助生产成本明细账

车间名称：供电车间　　　　　　　　　　　　　　　　　　　　　　　　　　元

年		凭证		摘　要	材料费①	职工薪酬②	差旅费③	办公费④	劳动保护费⑤	其他⑥	合计⑦＝①＋②＋③＋④＋⑤＋⑥
月	日	字	号								
				分配材料费用							
				分配工资							
				支付差旅费、办公费、劳动保护费							
				本月合计							
				分配辅助生产费用							

（5）辅助生产费用分配表如表1-10所示。

表1-10 辅助生产费用分配表 元

辅助生产车间的名称			供电车间
待分配的费用①			
供应的劳务量②			
分配率③＝①/②			
基本生产车间耗用（记入"基本生产成本"）	X产品	耗用数量④	
		分配金额⑤＝④×③	
	Y产品	耗用数量⑥	
		分配金额⑦＝⑥×③	
基本生产车间耗用（记入"制造费用"）	一般耗用	耗用数量⑧	
		分配金额⑨＝⑧×③	
企业管理部门（记入"管理费用"）		耗用数量⑩	
		分配金额⑪＝①－⑤－⑦－⑨	
分配金额合计⑫＝⑤＋⑦＋⑨＋⑪			

（6）制造费用明细账如表1-11所示。

表1-11 制造费用明细账

车间名称：基本生产车间 元

年		凭证		摘 要	机物料消耗	职工薪酬	差旅费	办公费	劳动保护费	电费	其他	合计
月	日	字	号									
				分配材料费用								
				分配工资								
				支付差旅费、办公费、劳动保护费								
				分配辅助生产费用								
				本月合计								
				分配制造费用								

（7）制造费用分配表如表1-12所示。

表1-12 制造费用分配表

应借账户	生产工时/小时		分配率	应分配的费用额/元
基本生产成本	X产品	①	⑤=④/③	⑥=①×⑤
	Y产品	②		⑦=④-⑥
	合计	③=①+②		④

（8）X产品的基本生产成本明细账如表1-13所示（生产成本在完工产品与期末在产品之间的分配采用不计算在产品成本法）。

表1-13 基本生产成本明细账

产品名称：X产品　　　　　　　　　　　　　　　　　　　　　　　　　元

年		凭证		摘 要	直接材料	燃料和动力	直接人工	制造费用	合计
月	日	字	号						
				月初在产品成本①					
				分配材料费用②					
				分配工资③					
				分配燃料和动力④					
				分配制造费用⑤					
				合计⑥=①+②+③+④+⑤					
				转出完工产品总成本					
				月末在产品成本					

根据产品成本计算单（如表1-14所示）编制记账凭证，最后将X产品基本生产成本明细账补充登记完整。

表1-14 产品成本计算单

产品名称：X产品　　　　　　　　　202×年9月　　　　　　　　　　　元

项 目	直接材料	燃料和动力	直接人工	制造费用	合计
月初在产品成本①					
本期生产费用②					
合计③=①+②					
完工产品成本④=③-⑥					
单位成本⑤=④/完工数量					
月末在产品成本⑥					

（9）Y产品的基本生产成本明细账如表1-15所示（生产成本在完工产品与期末在产品之间的分配采用不计算在产品成本法）。

表1-15 基本生产成本明细账

产品名称：Y产品　　　　　　　　　　　　　　　　　　　　　　　　　　　　　元

年		凭证		摘 要	直接材料	燃料和动力	直接人工	制造费用	合计
月	日	字	号						
				月初在产品成本①					
				分配材料费用②					
				分配工资③					
				分配燃料和动力④					
				分配制造费用⑤					
				合计⑥＝①＋②＋③＋④＋⑤					
				转出完工产品总成本					
				月末在产品成本					

根据产品成本计算单（如表1-16所示）编制记账凭证，最后将Y产品基本生产成本明细账补充登记完整。

表1-16 产品成本计算单

产品名称：Y产品　　　　　　　202×年9月　　　　　　　　　　　　　　　元

项 目	直接材料	燃料和动力	直接人工	制造费用	合计
月初在产品成本①					
本期生产费用②					
合计③＝①＋②					
完工产品成本④＝③－⑥					
单位成本⑤＝④/完工数量					
月末在产品成本⑥					

1.3 知识支撑

1. 品种法的概念

成本是为生产产品所发生的各种耗费。

成本核算，是指对生产费用的发生和产品成本形成所进行的会计核算。

产品成本计算的品种法，是以产成品品种作为成本计算对象来归集生产成本，计算各种产品成本的一种方法。

2. 成本核算需设置的账户

成本核算需设置的账户包括基本生产成本、辅助生产成本、制造费用等。

（1）

基本生产成本	
为进行基本生产而发生的各项产品费用	完工入库的产品成本
月末在产品成本	

（2）

辅助生产成本	
为进行辅助生产而发生的各项费用	完工入库产品的成本和分配转出的劳务成本
月末在产品成本（只提供劳务月末无余额）	

（3）

制造费用（除季节性生产外，月末无余额）	
实际发生的制造费用	分配转出的制造费用

3. 费用要素

为了具体地反映工业企业一定时期各种费用的构成和水平，将各种耗费划分为以下七类：

（1）外购材料。指企业耗用的从外部购进的原料及主要材料、半成品、辅助材料、包装物、修理用备件和低值易耗品等。

（2）外购燃料。指企业耗用的从外部购进的各种燃料，包括固体、液体、气体燃料。

（3）外购动力。指企业耗用的从外部购进的各种动力。

（4）职工薪酬。职工薪酬是指企业为进行生产经营而发生的各种职工薪酬。

（5）折旧费。指企业按照规定计算的固定资产折旧费。

（6）利息支出。指企业应计入财务费用的借款利息支出减去存款利息收入后的净额。

（7）其他耗费。指不属于以上各要素的耗费，如邮电费、差旅费、租赁费、保险费、外部加工费等。

按照上列要素反映的费用，称为要素费用。

4. 产品成本项目

为了具体地反映产品成本的各种构成内容，还应将生产耗费划分为若干个项目，即产品成本项目。

制造业一般应设立以下成本项目：

（1）直接材料。

直接材料是指企业在生产产品和提供劳务过程中所消耗的直接用于产品生产、构成产品实体的原料和主要材料以及有助于产品形成的辅助材料等。

（2）直接人工。

直接人工是指企业在生产产品和提供劳务过程中直接参加产品生产的工人工资和生产工人享受的职工福利费、非货币性福利以及为生产工人交纳的社会保险费、住房公积金等薪酬。

（3）制造费用。

制造费用是指企业生产车间（分厂）为组织管理生产所发生的各项间接费用，包括车间管理人员的工资及福利费用、折旧费用、保险费、机物料消耗、低值易耗品摊销、运输费用、取暖费、水电费、劳动保护费、办公费、差旅费等。

企业可根据生产特点和管理要求对上述成本项目做适当调整。例如：如果产品耗用燃料和动力耗费较大，可增设"燃料及动力"成本项目，予以单独核算、控制和考核。

5. 材料费用的分配

材料费用的分配要按照材料的具体用途进行，一般会计处理如下：

借：基本生产成本——××产品（直接用于产品生产的材料费用；多种产品共同发生
　　　　　　　　　　　　的需要采用较合理又较简便的分配方法分配计入，
　　　　　　　　　　　　本项目采用实际消耗量比例法）

　　　辅助生产成本　　　　（辅助生产车间使用的材料费用）

　　　制造费用　　　　　　（基本生产车间一般耗用的材料费用）

　　　销售费用　　　　　　（专设销售机构使用的材料费用）

　　　在建工程　　　　　　（建造固定资产使用的材料费用）

　　　管理费用　　　　　　（管理部门使用的材料费用）
　　　　　⋮

　　贷：原材料

6. 工资费用的分配

工资总额的组成是由国家统一规定的，它包括计时工资、计件工资、支付给职工超额劳动和增收节支的劳动报酬（奖金）、为了补偿职工特殊或额外的劳动消耗或因其他特殊原因支付给职工的津贴、物价补贴、加班加点工资，以及按国家规定职工在因病、工伤、休假、产假、停工学习、执行国家或社会义务等特殊情况下支付的工资。工资费用的分配要按其用途和会计准则的有关规定进行，一般会计处理如下：

借：基本生产成本——××产品（基本生产车间产品生产工人的工资，多种产品共同
　　　　　　　　　　　　发生的需采用较合理又较简便的分配方法分配计
　　　　　　　　　　　　入，本项目采用生产工人工时比例法）

　　　辅助生产成本　　　　（辅助车间工人、管理人员的工资）

　　　制造费用　　　　　　（基本生产车间管理人员的工资）

　　　销售费用　　　　　　（专职销售人员的工资）

　　　在建工程　　　　　　（从事基本建设工程人员的工资）

　　　管理费用　　　　　　（行政管理人员的工资）
　　　　　⋮

　　贷：应付职工薪酬——工资

7. 其他费用的分配

其他费用指没有专门设立成本项目的耗费或期间费用，包括折旧费、利息支出、邮电费、租赁费、差旅费、办公费、劳动保护费等，这些费用应该按发生的地点和用途进行如下会计处理：

借：辅助生产成本

　　　制造费用

　　　销售费用

　　　管理费用
　　　　⋮

　　贷：银行存款/累计折旧等

8. 辅助生产费用的分配

辅助生产是为基本生产车间和企业行政管理部门等服务而进行的劳务供应和产品生产，如供水、供电或制造工具、模具等。辅助生产费用在分配前要先通过"辅助生产成本"账户进行归集，计入"辅助生产成本"账户的借方，月终，再采用一定的方法和标准分配给各受益对象，一般会计处理如下：

借：基本生产成本——××产品（基本生产车间产品生产耗用）

制造费用　　　　　　（基本生产车间一般耗用）

管理费用　　　　　　（企业管理部门耗用）

销售费用　　　　　　（企业销售部门耗用）

　　⋮

贷：辅助生产成本——××车间

9. 制造费用的分配

制造费用归集汇总后，应于月末将其分配给各受益对象，计入"基本生产成本——××产品（制造费用）"。对于只生产一种产品的车间，制造费用是直接费用，应直接计入该产品的成本而不需要分配；对于生产多种产品的车间，制造费用是间接费用，应采用适当的分配方法分配计入各种产品成本。

制造费用分配方法有生产工人工时比例法（本项目采用此法）、生产工人工资比例法、机器工时比例法和年度计划分配率法（见项目六），前三种方法的分配过程相同，举例说明如下：

例1：××公司基本生产车间生产甲、乙两种产品，202×年9月耗用的生产工时分别为2 000小时和3 000小时，本月该车间共发生制造费用15 000元。该公司按生产工时比例分配制造费用（如表1-17所示）。

制造费用分配率 $= \dfrac{制造费用实际发生额}{各种产品生产工时总数} = \dfrac{15\,000}{2\,000+3\,000} = 3$（元/小时）

甲产品应负担的制造费用＝该种产品生产工时×制造费用分配率＝2 000×3＝6 000（元）

乙产品应负担的制造费用＝该种产品生产工时×制造费用分配率＝3 000×3＝9 000（元）

表1-17　制造费用分配表

基本生产车间　　　　　　　　　　　202×年9月

应借账户		生产工时／小时	分配率	分配金额／元
基本生产成本	甲产品	2 000	3	6 000
	乙产品	3 000		9 000
	合计	5 000		15 000

根据制造费用分配表，编制下列会计分录：

借：基本生产成本——甲产品   6 000

      ——乙产品   9 000

  贷：制造费用   15 000

10. 生产成本在完工产品与在产品之间的分配：不计算在产品成本法

月初在产品成本、本月生产费用、本月完工产品成本和月末在产品成本四者之间的关系可用公式表示如下：

月初在产品成本＋本月生产费用＝本月完工产品成本＋月末在产品成本

在全部生产费用（月初在产品成本＋本月生产费用）已知的情况下，要求出完工产品成本和月末在产品成本，可采用两类方法：一类是先确定月末在产品成本，再计算完工产品成本（本项目采用此法）；另一类是将前两项之和按照一定的比例在后两项之间进行分配，同时求出完工产品成本和在产品成本。

不计算在产品成本法指虽然有月末在产品，但不计算其成本。月初、月末在产品成本均为零。产品成本计算单如表1-18所示。

表1-18 产品成本计算单

产品：甲产品   202×年9月30日   元

项目	直接材料	直接人工	制造费用	合计
月初在产品成本①	0	0	0	0
本月生产费用②	9 000	12 000	5 000	26 000
合计③＝①＋②	9 000	12 000	5 000	26 000
完工产品成本④＝③－⑥（1 000件）	9 000	12 000	5 000	26 000
单位成本⑤＝④/1 000	9	12	5	26
月末在产品成本⑥	0	0	0	0

这种方法适用于月末在产品数量很少的企业，在产品成本计算与否对于完工产品成本影响不大。例如，煤炭业的采煤，由于工作面小，在产品数量很少，月末在产品就可以不计算成本。

根据上述成本计算单，编制会计分录：

借：库存商品——甲产品   26 000

  贷：基本生产成本——甲产品   26 000

11. 成本核算的账务处理程序（如图 1-1 所示）

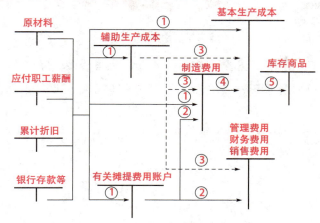

图1-1　成本核算的账务处理程序

说明：

①各项要素费用的归集与分配；

②有关摊提费用账户的摊销与预提（如长期待摊费用的摊销和短期借款利息的预提等）；

③分配辅助生产费用；

④分配制造费用；

⑤结转完工产品成本。

【提示】要素费用分配的一般方法

在产品制造过程中耗用的各项要素费用，凡是为某种产品所消耗并能确认其负担数额的直接费用，都应直接计入该产品的成本；凡是为几种产品共同耗用或无法确定为哪种产品所消耗的间接费用，应按照一定标准分配计入有关的各种产品成本。

分配间接费用的计算公式概括为：

$$分配率 = \frac{待分配费用总额}{分配标准总额}$$

某种产品应分配的费用＝该产品的分配标准额×分配率

分配标准主要有三类：

• 成果类，如产品的重量、体积、产量、产值等。

• 消耗类，如生产工时、生产工人工资、机器工时、原材料消耗量等。

• 定额类，如定额消耗量、定额费用等。

在选择分配标准时，应注意所选择的分配标准与所分配的费用多少有比较密切的联系，而且分配标准的资料比较容易取得。

任务二　练一练

2.1　任务目标

　　将本项目2.2品种法综合案例一"练一练"独立完成，对产品成本计算的基本方法——品种法的处理流程有一个基本的认识，掌握以下知识点：品种法的概念、成本核算需设置的账户、费用要素、成本项目、材料费用按实际消耗量比例法分配、职工薪酬按生产工时比例法分配、其他费用按发生地点和用途分配、制造费用按生产工时比例法分配、生产成本在完工产品与在产品之间的分配（不计算在产品成本法）、要素费用分配的一般方法。

2.2　任务内容（品种法综合案例一"练一练"）

1. 案例资料

　　（1）大江公司设一个基本生产车间、一个辅助（供电）生产车间，大量生产X、Y两种产品。

　　（2）产量记录如表1-19所示。

表1-19　产量记录表

202×年9月

件

产品名称	月初在产品	本月投产	本月完工	月末在产品
X	10	2 000	2 005	5
Y	30	1 200	1 210	20

（3）本月发生A材料费用63 000元，共同耗用的材料按实际消耗量比例分配如表1-20所示。

表1-20 本月发生的材料费用

产品或部门	基本生产车间			供电车间	基本生产车间一般耗用	厂部管理部门	合计
	X产品	Y产品	小 计				
材料费用/元			53 000	2 000	5 000	3 000	63 000
材料实际消耗量/千克	3 000	2 000	5 000				

（4）本月发生的工资费用如表1-21所示。

表1-21 本月发生的工资费用

产品或部门	基本生产车间生产工人			供电车间	基本生产车间管理人员	专设销售机构	厂部管理部门	合计
	X产品	Y产品	小 计					
工资费用/元			25 000	5 000	10 000	5 000	5 000	50 000
生产工时/小时	210	170	380					

（5）本月发生的其他费用（差旅费用库存现金支付，办公费和劳动保护费均用银行存款支付）如表1-22所示。

表1-22 本月发生的其他费用 元

项目	基本生产车间	供电车间	厂部管理部门	合计
差旅费	3 000	2 600	2 400	8 000
办公费	1 800	2 200	1 000	5 000
劳动保护费	2 000	2 000	2 000	6 000
合 计	6 800	6 800	5 400	19 000

（6）本月辅助生产车间提供的劳务量情况如表1-23所示。

表1-23 劳务供应量 度

供应对象		供电度数
基本生产车间	X产品	6 000
	Y产品	5 000
	一般耗用	2 000
企业管理部门		1 000
合 计		14 000

2. 要求

根据上述资料计算X、Y两种产品的成本，填列各种"费用分配表"，编制有关记账凭证（分录），登记"辅助生产成本明细账""制造费用明细账""基本生产成本明细账""产品成本计算单"。

3. 部分费用分配表及账页如下

（1）材料费用分配表如表1-24所示。

表1-24　材料费用分配表

应借账户			实际耗用量/千克	材料费用/元	
总账账户	明细账户	成本或费用项目		分配率	分配额
基本生产成本	X产品	直接材料			
	Y产品	直接材料			
	小计				
辅助生产成本	供电车间	材料费			
制造费用	基本生产车间	机物料消耗			
管理费用		材料费			
合　计					

（2）工资费用分配表如表1-25所示。

表1-25　工资费用分配表

应借账户			生产工时/小时	工资/元	
总账账户	明细账户	成本或费用项目		分配率	分配额
基本生产成本	X产品	直接人工			
	Y产品	直接人工			
	小　计				
辅助生产成本	供电车间	职工薪酬			
制造费用	基本生产车间	职工薪酬			
销售费用		职工薪酬			
管理费用		职工薪酬			
合　计					

（3）其他费用分配表如表1-26所示。

表1-26 其他费用分配表   元

应借账户		分配额
总账账户	明细账户	
制造费用	基本生产车间	
辅助生产成本	供电车间	
管理费用		
合　计		

（4）辅助生产成本明细账如表1-27所示。

表1-27 辅助生产成本明细账

车间名称：供电车间   元

年		凭证		摘　要	材料费	职工薪酬	差旅费	办公费	劳动保护费	其他	合计
月	日	字	号								
				分配材料费用							
				分配工资							
				支付差旅费、办公费、劳动保护费							
				本月合计							
				分配辅助生产费用							

（5）辅助生产费用分配表如表1-28所示。

表1-28 辅助生产费用分配表

辅助生产车间的名称			供电车间
待分配的费用/元			
供应的劳务量/度			
分配率/（元/度）			
基本生产车间耗用（记入"基本生产成本"）	X产品	耗用数量/度	
		分配金额/元	
	Y产品	耗用数量/度	
		分配金额/元	

续表

辅助生产车间的名称			供电车间
基本生产车间耗用（记入"制造费用"）	一般耗用	耗用数量/度	
		分配金额/元	
企业管理部门（记入"管理费用"）		耗用数量/度	
		分配金额/元	
分配金额合计/元			

（6）制造费用明细账如表1-29所示。

表1-29　制造费用明细账

车间名称：基本生产车间　　　　　　　　　　　　　　　　　　　　　　　　　　　　　元

年		凭证		摘　要	机物料消耗	职工薪酬	差旅费	办公费	劳动保护费	电费	合计
月	日	字	号								
				分配材料费用							
				分配工资							
				支付差旅费、办公费、劳动保护费							
				分配辅助生产费用							
				本月合计							
				分配制造费用							

（7）制造费用分配表如表1-30所示。

表1-30　制造费用分配表

应借账户		生产工时/小时	分配率	应分配的费用额/元
基本生产成本	X产品			
	Y产品			
	合计			

（8）X产品基本生产成本明细账如表1-31所示（生产成本在完工产品与期末在产品之间的分配采用不计算在产品成本法）。

表1-31 基本生产成本明细账

产品名称：X产品　　　　　　　　　　　　　　　　　　　　　　　　　　　　　　　元

年		凭证		摘　要	直接材料	燃料和动力	直接人工	制造费用	合计
月	日	字	号						
				月初在产品成本					
				分配材料费用					
				分配工资					
				分配燃料和动力					
				分配制造费用					
				合　计					
				转出完工产品总成本					
				月末在产品成本					

根据产品成本计算单（如表1-32所示）编制记账凭证，最后将X产品基本生产成本明细账补充登记完整。

表1-32 产品成本计算单

产品名称：X产品　　　　　　　　　202×年9月　　　　　　　　　　　　　　　元

项　目	直接材料	燃料和动力	直接人工	制造费用	合计
月初在产品成本					
本期生产费用					
合　计					
完工产品成本					
单位成本					
月末在产品成本					

（9）Y产品的基本生产成本明细账如表1-33所示（生产成本在完工产品与期末在产品之间的分配采用不计算在产品成本法）。

表1-33 基本生产成本明细账

产品名称：Y产品　　　　　　　　　　　　　　　　　　　　　　　　　　　　　　　元

年		凭证		摘　要	直接材料	燃料和动力	直接人工	制造费用	合计
月	日	字	号						
				月初在产品成本					
				分配材料费用					
				分配工资					
				分配燃料和动力					

续表

年		凭证		摘　要	直接材料	燃料和动力	直接人工	制造费用	合计
月	日	字	号						
				分配制造费用					
				合　计					
				转出完工产品总成本					
				月末在产品成本					

根据产品成本计算单（如表1-34所示）编制记账凭证，最后将Y产品基本生产成本明细账补充登记完整。

表1-34　产品成本计算单　　　　　　　　　　　　　　　元

项　目	直接材料	燃料和动力	直接人工	制造费用	合计
月初在产品成本					
本期生产费用					
合　计					
完工产品成本					
单位成本					
月末在产品成本					

任务三　想一想

1．企业各种费用的分配方法不止一种，该如何选择？

2．企业职工薪酬除工资外还有其他职工薪酬，该如何核算？

3．有的企业没有辅助生产车间（如供电车间），动力费用来源于外购，该如何核算？

4．生产成本在完工产品与期末在产品之间的分配除不计算在产品成本法外还有其他的方法吗？

请同学们继续学习"项目二　品种法综合学习二"。

项目二
品种法综合学习二

知识目标

进一步熟悉掌握品种法处理流程，同时掌握以下知识点：材料费用按产品体积比例法分配、其他职工薪酬的核算和分配、外购动力费用的分配、生产成本在完工产品与在产品之间的分配（在产品成本按年初在产品成本计算法）。

技能目标

掌握各种费用分配表、明细账的登记和计算。

任务导入

1.1　任务目标

在教师的带领下将本项目1.2品种法综合案例二"带一带"完成，进一步熟悉品种法的处理流程，初步掌握其他职工薪酬的核算和分配、外购动力费用的分配、生产成本在完工产品与在产品之间的分配（在产品成本按年初在产品成本计算法）。

1.2 任务内容（品种法综合案例二""带一带""）

1. 案例资料

（1）大河公司（制造企业）设一个基本生产车间、无辅助生产车间，大量生产X、Y两种产品，采用品种法计算产品成本，生产成本在完工产品与期末在产品之间的分配采用在产品成本按年初在产品成本计算法。

（2）产量记录如表2-1所示。

表2-1 产量记录表　　　　　　　　　　　　　　　　件

202×年9月

产品名称	月初在产品	本月投产	本月完工	月末在产品
X	1 000	1 400	1 395	1 005
Y	800	1 700	1 700	800

（3）年初（202×年1月1日）在产品成本如表2-2所示。

表2-2 年初在产品成本　　　　　　　　　　　　　　元

产品名称	直接材料	燃料和动力	直接人工	制造费用	合计
X	3 700	900	2 200	600	7 400
Y	3 000	600	1 500	400	5 500

（4）根据审核无误的领料单、限额领料单和退料单等发料凭证进行汇总，本月发生A材料费用58 000元，共同耗用的材料按产品的体积比例分配如表2-3所示。

表2-3 本月发生的材料费用

产品或部门	基本生产车间			基本生产车间一般耗用	厂部管理部门	合计
	X产品	Y产品	小计			
材料费用/元			45 000	8 000	5 000	58 000
产品体积/立方米	25	23	48			

（5）本月发生的工资费用如表2-4所示，假设该企业有明确的福利计划并按工资总额的14%计提职工福利费（其他职工薪酬略）。

表2-4 本月发生的工资费用

产品或部门	基本生产车间生产工人			基本生产车间管理人员	专设销售机构	厂部管理部门	合计
	X产品	Y产品	小计				
工资费用/元			30 000	20 000	4 000	2 000	56 000
生产工时/小时	350	200	550				

（6）本月耗用外购电力共26 200度，每度1元，用银行存款支付，如表2-5所示。

表2-5 本月发生的外购电力费用

产品或部门	基本生产车间			基本生产车间照明用电	专设销售机构	管理部门	合计
	X产品	Y产品	小计				
用电度数/度			15 000	2 000	5 200	4 000	26 200
生产工时/小时	350	200	550				

（7）本月发生的其他费用，均用银行存款支付，如表2-6所示。

表2-6 本月发生的其他费用 元

项目	基本生产车间	专设销售机构	管理部门	合 计
租赁费	4 000	1 600	2 400	8 000
办公费	2 800	1 000	1 200	5 000
水 费	900	700	800	2 400
合 计	7 700	3 300	4 400	15 400

2. 要求

根据上述资料计算X、Y两种产品的成本，填列各种"费用分配表"，编制有关记账凭证（分录），登记"制造费用明细账""基本生产成本明细账""产品成本计算单"。

3. 部分费用分配表及账页如下

（1）材料费用分配表如表2-7所示。

表2-7 材料费用分配表

应借账户			产品的体积/立方米	材料费用/元	
总账账户	明细账户	成本或费用项目		分配率	分配额
基本生产成本	X产品	直接材料			
	Y产品	直接材料			
	小 计				
制造费用	基本生产车间	机物料消耗			
管理费用		材料费			
合 计					

（2）职工薪酬分配表如表2-8所示。

表2-8 职工薪酬分配表

应借账户			生产工时/小时	工资/元		职工福利费/元 ②=①×14%	合计/元 ③=①+②
总账账户	明细账户	成本或费用项目		分配率	分配额①		
基本生产成本	X产品	直接人工					
	Y产品	直接人工					
	小计						
制造费用	基本生产车间	职工薪酬					
销售费用		职工薪酬					
管理费用		职工薪酬					
合计							

（3）外购动力（电力）费用分配表如表2-9所示。

表2-9 外购动力（电力）费用分配表

应借账户			动力费用分配			电力费用分配		
总账账户	明细账户	成本或费用项目	生产工时/小时	分配率	分配金额/元	用电度数/度	每度电费	分配金额/元
基本生产成本	X产品	燃料和动力	⑬	⑯=⑫/⑮	⑰=⑬×⑯	②	⑥	⑦=②×⑥
	Y产品	燃料和动力	⑭		⑱=⑫-⑰			
	小计		⑮=⑬+⑭		⑫=⑦	②		⑦=②×⑥
制造费用	基本生产车间	电费				③		⑧=③×⑥
销售费用		电费				④		⑨=④×⑥
管理费用		电费				⑤		⑪=⑩-⑦-⑧-⑨
合计						①		⑩=①×⑥

（4）其他费用分配表如表2-10所示。

表2-10 其他费用分配表　　　　　元

应借账户		分配额
总账账户	明细账户	
制造费用	基本生产车间	
销售费用		
管理费用		
合计		

（5）制造费用明细账如表2-11所示。

表2-11 制造费用明细账

车间名称：基本生产车间 元

年		凭证		摘 要	机物料消耗	职工薪酬	电费	租赁费	办公费	水费	其他	合计
月	日	字	号									
				分配材料费用								
				分配职工薪酬								
				支付外购动力费用								
				支付租赁费、办公费和水费								
				本月合计								
				分配制造费用								

（6）制造费用分配表如表2-12所示。

表2-12 制造费用分配表

应借账户		生产工时/小时	分配率	应分配的费用额/元
基本生产成本	X产品			
	Y产品			
合 计				

（7）X产品基本生产成本明细账如表2-13所示。

表2-13 基本生产成本明细账

产品名称：X产品 元

年		凭证		摘 要	直接材料	燃料和动力	直接人工	制造费用	合计
月	日	字	号						
				月初在产品成本					
				分配材料费用					
				分配职工薪酬					
				分配燃料和动力					
				分配制造费用					
				合 计					
				转出完工产品总成本					
				月末在产品成本					

根据产品成本计算单（如表2-14所示）编制记账凭证，最后将X产品基本生产成本明细

账补充登记完整。

表2-14 产品成本计算单

产品名称：X产品　　　　　　　202×年9月　　　　　　　　　　　　　元

摘　要	直接材料	燃料和动力	直接人工	制造费用	合计
月初在产品成本①					
本期生产费用②					
合计③=①+②					
完工产品总成本④=③-⑥					
单位成本⑤=④/完工数量					
月末在产品成本⑥=①					

（8）Y产品的基本生产成本明细账如表2-15所示。

表2-15　基本生产成本明细账

产品名称：Y产品　　　　　　　　　　　　　　　　　　　　　　　　　元

年		凭证		摘　要	直接材料	燃料和动力	直接人工	制造费用	合计
月	日	字	号						
				月初在产品成本					
				分配材料费用					
				分配职工薪酬					
				分配燃料和动力					
				分配制造费用					
				合　计					
				转出完工产品总成本					
				月末在产品成本					

根据产品成本计算单（如表2-16所示）编制记账凭证，最后将Y产品基本生产成本明细账补充登记完整。

表2-16　产品成本计算单

产品名称：Y产品　　　　　　　202×年9月　　　　　　　　　　　　　元

摘　要	直接材料	燃料和动力	直接人工	制造费用	合计
月初在产品成本①					
本期生产费用②					
合计③=①+②					
完工产品总成本④=③-⑥					
单位成本⑤=④/完工数量					
月末在产品成本⑥=①					

1.3 知识支撑

1. 材料费用的归集

在项目一中我们介绍了材料费用的分配，其实在材料费用分配之前还有一项工作需要做，那就是材料费用的归集，归集是分配的基础和前提，其他各项要素费用的分配同理。材料费用的归集包括以下两方面的工作。

（1）材料发出时，首先，应办理必要的手续，即在领料时，应由专人负责，并由有关人员签字审核后才能领料。其次，领料时要填制有关的原始凭证。发出材料的原始凭证通常包括领料单、限额领料单、领料登记表及退料单等。企业应根据领用材料的具体情况，选择采用某一领料凭证。

【提示】限额领料单是指为加强对材料费用的控制和核算，限额以内的材料根据限额领料单领用，超过限额的材料领用，应另填领料单，说明理由后经主管人员批准后才能领料。

①领料单如表2-17所示。

表2-17 领料单

领料部门：　　　　　　　　　　　　　202×年　月　日　　　　　　　　　　　　NO.：

品名	型号规格	计量单位	请领数量	实发数量	单位	金额

部门经理：　　　　　　　会计：　　　　　　　仓库：　　　　　　　经办人：

② 限额领料单如表2-18所示。

表2-18 限额领料单

领料单位：　　　　　　　　　　　　　　　　　　　　　　　　发料仓库：
材料名称：　　　　　　　　　　　　　　　　　　　　　　　　单位消耗定额：
计划产量：　　　　　　　　　　　　　　　　　　　　　　　　编号：

材料编号	材料名称	规格	计量单位	单价	领用限额	全月实用	
						数量	金额

领用日期	请领数量	实发数量	领料人签章	发料人签章	限额结余

供应部门负责人：　　　　　　　生产部门负责人：　　　　　　　仓库部管理员：

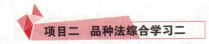

③退料单如表2-19所示。

表2-19　退料单

制造批号：　　　　　　　　　　　　　　　　　　　　　　　领/退部门：

领/退日期：　　　　　　　　　　　　　　　　　　　　　　　领/退单号：

领料	退料	品名	规格	材料编号	单位	领/退数量	收/发数量	备注
用途及说明								

登账：　　　　　　　仓储：　　　　　　　主管：　　　　　　　领/退人：

④发料凭证汇总表如表2-20所示。

表2-20　发料凭证汇总表

202×年9月　　　　　　　　　　　　　　　　　　　　　　　　　　　　　元

应借账户	应贷账户（原材料）			
	A材料	B材料	C材料	合计
基本生产成本	400	310	420	1 130
制造费用	330	220	100	650
辅助生产成本		360	180	540
销售费用		80	220	300
管理费用		220	300	520
合　计	730	1 190	1 220	3 140

（2）材料发出的计价。

①按实际成本计价：发出材料的方法有先进先出法、加权平均法和个别计价法等。

②按计划成本计价：是指平时先按预先制订的计划单位成本计价，月末计算材料成本差异率，以确定发出材料应分担的成本差异，将发出材料的计划成本调整为实际成本的一种方法。

小贴士

假退料

生产车间已领未用的余料，应编制退料单，据以退回仓库。对于已领未用但下月需要继续耗用的材料，可采用"假退料"办法，即材料实物不动，同时编制一份本月退料单和一份下月份的领料单，表示该项余料一方面退库冲减本月发出材料数量和金额，另一方面又作为下月份的领料出库。

2. 其他职工薪酬的计提和分配

其他职工薪酬指工资总额以外的职工福利费、住房公积金、社会保险费（养老保险费、医疗保险费、失业保险费、工伤保险）、非货币性福利、工会经费和职工教育经费等。在计量其他职工薪酬时，国家有统一规定计提基础和计提比例的，应当按国家规定的标准计提，国家没有规定计提基础和计提比例的，则企业应当在实际发生时再列支，或根据历史经验数据和实际情况合理预计（本项目采用该方法），当实际发生额大于预计金额的，应补提，当实际发生额小于预计金额的，应冲回多提的应付职工薪酬。

工资总额之外的应付职工薪酬的列支渠道与工资薪酬基本相同，按受益原则确认：

借：基本生产成本——××产品 （基本生产车间产品生产工人的其他职工薪酬，多种
                              产品共同发生的需分配计入）
    辅助生产成本   （辅助车间工人、管理人员的其他职工薪酬）
    制造费用   （基本生产车间管理人员的其他职工薪酬）
    销售费用   （专职销售人员的其他职工薪酬）
    在建工程   （从事基本建设工程人员的其他职工薪酬）
    管理费用   （行政管理人员的其他职工薪酬）
        ⋮
    贷：应付职工薪酬——职工福利
                    ——社会保险费
                    ——住房公积金
                    ——工会经费
                    ——职工教育经费等

3. 外购动力费用的归集和分配

企业耗用的动力如电力、热力、蒸汽等，可能来源于外购和自制两个方面。在项目一中电力是由辅助生产车间提供的，属于"自制"，而在本项目中，电力来源于"外购"。

（1）外购动力费用的归集。

企业归集的本期外购动力费用，应该是本期期初至期末止为本期所实际耗用的动力费用，然后再进行分配。不过，外购动力费用一般不是在每月月末支付，而是在每月上、中旬的某日支付上月付款日至本月付款日这一期间的动力费用。因此本月支付的费用与本月应归集和分配的费用往往不一致。

①在实际工作中一般通过"应付账款"科目核算：

实际支付时：

借：应付账款

　　贷：银行存款

月末，按本月应分配的动力费用在各受益部门分配时：

借：相关成本、费用

　　贷：应付账款

"应付账款"科目的借贷方发生额往往不一致，从而出现余额。如果是借方余额，表示本月支付款大于应付款的多付动力费用，可以抵冲下月应付费用；如果是贷方余额，表示本月应付款大于支付款的应付未付动力费用，可以在下月支付。

②若每月支付外购动力费的日期基本固定，且每月付款日至月末应付动力费相差不多，可将每月实际支付的动力费直接进行分配，不通过"应付账款"科目核算：

实际支付时：

借：相关成本、费用

　　贷：银行存款

（2）外购动力费用的分配。

外购动力费用的分配，在有仪表记录的情况下，应根据仪表所示计算，在没有仪表记录的情况下，可按生产工时的比例（本项目采用该方法）、机器工时的比例分配。如车间的动力用电，一般按车间、部门安装电表而无法按产品分别安装电表，因而车间动力用电费用就需要按照上述分配标准在各种产品之间进行分配，一般会计处理如下：

借：基本生产成本——××产品　（基本生产车间用于产品生产的动力费用，多种产品
　　　　　　　　　　　　　　　　　共同发生的需分配计入）

　　辅助生产成本　　　　　　　（用于辅助生产的动力费用）

　　制造费用　　　　　　　　　（用于基本生产的间接动力费用，如车间照明用电）

　　管理费用　　　　　　　　　（用于组织和管理生产经营活动的动力费用，如行政
　　　　　　　　　　　　　　　　管理部门照明用电）

　　　　⋮

　　贷：应付账款/银行存款

4. 生产成本在完工产品与在产品之间的分配：在产品成本按年初在产品成本计算法

在产品成本按年初在产品成本计算法是将年内各月末在产品成本均按年初在产品成本计算，但在年末，应根据实际盘点的在产品数量和生产耗费重新调整计算确定在产品成本，据以计算12月末完工产品成本。产品成本计算单如表2-21所示。

表2-21　产品成本计算单

产品：甲产品　　　　　　　　　202×年9月30日　　　　　　　　　　　　元

项目	直接材料	直接人工	制造费用	合计
月初在产品成本	30 000	10 000	5 000	45 000
本月生产费用	60 000	20 000	10 000	90 000
合　计	90 000	30 000	15 000	135 000
完工产品成本（100件）	60 000	20 000	10 000	90 000
单位成本	600	200	100	900
月末在产品成本	30 000	10 000	5 000	45 000

这种方法适用于月末在产品数量较小，或在产品数量虽大但各月之间在产品数量变动不大的产品。例如，炼铁厂、化工厂或其他有固定容器装置的在产品，数量都较稳定，在年内材料价格变动不大时就可以采用这种分配方法。

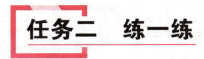

任务二　练一练

2.1　任务目标

将本项目2.2品种法综合案例二"练一练"独立完成，进一步掌握品种法的处理流程，同时掌握其他职工薪酬的核算和分配、外购动力费用的分配、生产成本在完工产品与在产品之间的分配（在产品成本按年初在产品成本计算法）。

2.2　任务内容（品种法综合案例二"练一练"）

1. 案例资料

（1）大河公司设一个基本生产车间、无辅助生产车间，大量生产X、Y两种产品，采用品种法计算产品成本，生产成本在完工产品与期末在产品之间的分配采用在产品成本按年初在产品成本计算法。

（2）产量记录如表2-22所示。

表2-22 产量记录表

202×年9月 件

产品名称	月初在产品	本月投产	本月完工	月末在产品
X	1 050	6 000	5 950	1 100
Y	900	4 000	4 000	900

（3）年初（202×年1月1日）在产品成本如表2-23所示。

表2-23 年初在产品成本

202×年1月1日 元

产品名称	直接材料	燃料和动力	直接人工	制造费用	合计
X	3 800	1 000	2 300	700	7 800
Y	4 400	700	1 600	500	7 200

（4）根据审核无误的领料单、限额领料单和退料单等发料凭证进行汇总，本月发生A材料费用66 000元，共同耗用的材料按产品的体积比例分配如表2-24所示。

表2-24 本月发生的材料费用

产品或部门	基本生产车间			基本生产车间一般耗用	厂部管理部门	合计
	X产品	Y产品	小 计			
材料费用/元			50 000	8 000	8 000	66 000
产品体积/立方米	40	60	100			

（5）本月发生的工资费用如表2-25所示，假设该企业有明确的福利计划并按工资总额的14%计提职工福利费（其他职工薪酬略）。

表2-25 本月发生的工资费用

产品或部门	基本生产车间生产工人			基本生产车间管理人员	专设销售机构	厂部管理部门	合计
	X产品	Y产品	小 计				
工资费用/元			25 000	15 000	4 000	8 000	52 000
生产工时/小时	320	250	570				

（6）本月耗用外购电力共21 500度，每度0.93元，用银行存款支付（如表2-26所示）。

表2-26　本月发生的外购电力费用

产品或部门	基本生产车间			基本生产车间照明用电	专设销售机构	管理部门	合计
	X产品	Y产品	小计				
用电度数/度			14 000	1 500	2 000	4 000	21 500
生产工时/小时	320	250	570				

（7）本月发生的其他费用，均用银行存款支付（如表2-27所示）。

表2-27　本月发生的其他费用　　　　　　　　　　　　　　元

项目	基本生产车间	专设销售机构	管理部门	合计
租赁费	3 000	2 600	2 400	8 000
办公费	1 800	2 200	1 000	5 000
水费	700	650	580	1 930
合　计	5 500	5 450	3 980	14 930

2. 要求

根据上述资料计算X、Y两种产品的成本，填列各种"费用分配表"，编制有关记账凭证（分录），登记"制造费用明细账""基本生产成本明细账""产品成本计算单"。

3. 部分费用分配表及账页如下

（1）材料费用分配表如表2-28所示。

表2-28　材料费用分配表

应借账户			产品的体积/立方米	材料费用/元	
总账账户	明细账户	成本或费用项目		分配率	分配额
基本生产成本	X产品	直接材料			
	Y产品	直接材料			
	小计				
制造费用	基本生产车间	机物料消耗			
管理费用		材料费			
合　计					

（2）职工薪酬分配表如表2-29所示。

表2-29 职工薪酬分配表

应借账户			生产工时/小时	工资/元		职工福利费/元	合计/元
总账账户	明细账户	成本或费用项目		分配率	分配额		
基本生产成本	X产品	直接人工					
	Y产品	直接人工					
	小　计						
制造费用	基本生产车间	职工薪酬					
销售费用		职工薪酬					
管理费用		职工薪酬					
合　计							

（3）外购动力（电力）费用分配表如表2-30所示。

表2-30 外购动力（电力）费用分配表

应借账户			动力费用分配			电力费用分配			
总账账户	明细账户	成本或费用项目	生产工时/小时	分配率	分配金额/元	用电度数/度	每度电费/元	分配金额/元
基本生产成本	X产品	燃料和动力						
	Y产品	燃料和动力						
	小计							
制造费用	基本生产车间	电费						
销售费用		电费						
管理费用		电费						
合　计								

（4）其他费用分配表如表2-31所示。

表2-31 其他费用分配表　　　　　　　　　　　　　　元

应借账户		分配额
总账账户	明细账户	
制造费用	基本生产车间	
销售费用		
管理费用		
合　计		

（5）制造费用明细账如表2-32所示。

表2-32　制造费用明细账

车间名称：基本生产车间　　　　　　　　　　　　　　　　　　　　　　　　　元

年		凭证		摘　要	机物料消耗	职工薪酬	电　费	租赁费	办公费	水费	合计
月	日	字	号								
				分配材料费用							
				分配职工薪酬							
				支付外购动力费用							
				支付租赁费、办公费和水费							
				本月合计							
				分配制造费用							

（6）制造费用分配表如表2-33所示。

表2-33　制造费用分配表

应借账户		生产工时/小时	分配率	应分配的费用额/元
基本生产成本	X产品			
	Y产品			
合　计				

（7）X产品的基本生产成本明细账如表2-34所示。

表2-34　基本生产成本明细账

产品名称：X产品　　　　　　　　　　　　　　　　　　　　　　　　　　　元

年		凭证		摘　要	直接材料	燃料和动力	直接人工	制造费用	合计
月	日	字	号						
				月初在产品成本					
				分配材料费用					
				分配职工薪酬					
				分配燃料和动力					
				分配制造费用					
				合　计					
				转出完工产品总成本					
				月末在产品成本					

根据产品成本计算单（如表2-35所示）编制记账凭证，最后将X产品基本生产成本明细账补充登记完整。

表2-35 产品成本计算单

产品名称：X产品 　　　　　　　202×年9月 　　　　　　　元

摘 要	直接材料	燃料和动力	直接人工	制造费用	合计
月初在产品成本					
本期生产费用					
合 计					
转出完工产品总成本					
单位成本					
月末在产品成本					

（8）Y产品的基本生产成本明细账如表2-36所示。

表2-36 基本生产成本明细账

产品名称：Y产品 　　　　　　　　　　　　　　　　　元

年		凭证		摘 要	直接材料	燃料和动力	直接人工	制造费用	合计
月	日	字	号						
				月初在产品成本					
				分配材料费用					
				分配职工薪酬					
				分配燃料和动力					
				分配制造费用					
				合 计					
				转出完工产品总成本					
				月末在产品成本					

根据产品成本计算单（如表2-37所示）编制记账凭证，最后将Y产品基本生产成本明细账补充登记完整。

表2-37 产品成本计算单

产品名称：Y产品　　　　　　　　　202×年9月　　　　　　　　　　　　元

摘 要	直接材料	燃料和动力	直接人工	制造费用	合计
月初在产品成本					
本期生产费用					
合 计					
转出完工产品总成本					
单位成本					
月末在产品成本					

任务三　想一想

1．在材料费用的分配中，无论是按材料的实际消耗量还是按产品的体积都是按照实际标准进行的分配，但这些分配方法均不利于材料费用的管理和控制，你有其他的方法吗？

2．企业若有两个辅助生产车间该如何分配？

3．制造费用除了按生产工时比例法分配外，还有其他方法吗？

4．在企业没有辅助生产车间的情况下，账务处理程序怎样变化？

请同学们继续学习"项目三 品种法综合学习三"。

项目三
品种法综合学习三

知识目标

掌握材料费用按定额消耗量比例法分配（共同耗用一种材料的分配）、辅助生产费用的分配（直接分配法）、制造费用按生产工人工资比例法分配、生产成本在完工产品与在产品之间的分配（在产品按所耗直接材料费用计价法和在产品成本按完工产品成本计算法）。

技能目标

掌握各种费用分配表、明细账的登记和计算。

任务导入

任务一　带一带

1.1　任务目标

在教师的带领下将本项目1.2品种法综合案例三"带一带"完成，初步掌握材料定额消耗量比例法、辅助生产费用分配的直接分配法和生产成本的分配（在产品按所耗直接材料费用计价法和在产品成本按完工产品成本计算法）。

1.2 任务内容（品种法综合案例三"带一带"）

1. 案例资料

（1）大湖公司（制造企业）设一个基本生产车间、两个辅助生产车间（供电和运输），大量生产X、Y两种产品，采用品种法计算产品成本，辅助生产费用采用直接分配法分配。

（2）产量记录如表3-1所示。

表3-1 产量记录表

2021年9月   件

产品名称	月初在产品	本月投产	本月完工	月末在产品
X	200	2 000	1 500	700
Y	100	1 300	800	600

（3）月初在产品成本如表3-2所示。

表3-2 月初在产品成本   元

项目	产品名称	直接材料	燃料和动力	直接人工	制造费用	合计
月初在产品	X	20 000	0	0	0	20 000
	Y	6 800	2 000	1 000	3 000	12 800

（4）本月耗费A材料费用159 800元，共同耗用的材料按材料定额消耗量比例法分配。

表3-3 本月发生的材料费用   元

产品/部门	金额
X产品直接领用	40 000
Y产品直接领用	10 000
X、Y产品共同耗用	100 000
运输车间	3 530
供电车间	470
生产车间一般耗用	3 400
行政管理部门	2 400
合计	159 800

X产品、Y产品共同耗用材料的单件定额消耗量如表3-4所示

表3-4　X产品、Y产品共同耗用材料的单件定额消耗量

原材料名称	X产品单件定额消耗量/千克	Y产品单件定额消耗量/千克	单位成本/元
A材料	10	9	3

（5）本月发生的工资费用如表3-5所示，另外，以现金支付基本生产车间勤杂人员刘芳等人的困难补助款2 500元（其他职工薪酬略）。

表3-5　本月发生的工资费用

产品或部门	基本生产车间生产工人			运输车间	供电车间	基本生产车间管理人员	工程队	厂部管理部门	合计
	X产品	Y产品	小计						
工资费用/元			30 000	18 000	4 000	2 000	1 000	1 000	56 000
生产工时/小时	500	3500	4 000						

（6）固定资产使用情况一览表（如表3-6所示）及折旧的计提方法：供电车间电子设备采用双倍余额递减法，管理部门电子设备采用年数总和法，其余均采用年限平均法，其他费用略。

表3-6　固定资产使用情况一览表

车间/部门		原值/元	净残值率/%	使用年限/年	开始使用日期
基本生产车间	机器设备	80 000	3	10	2019年5月
	房屋	200 000	5	20	2019年5月
	小计				
运输车间	汽车	100 000	3	6	2019年5月
	房屋	300 000	5	20	2019年5月
	小计				
供电车间	电子设备	90 000	3	5	2019年5月
	房屋	200 000	5	20	2019年5月
	小计				
管理部门	电子设备	20 000	1	5	2019年5月
	房屋	300 000	5	20	2019年5月
	小计				
合计					

（7）本月各辅助生产车间提供的劳务量情况如表3-7所示。

表3-7　劳务供应量

供应对象		运输量/（吨·千米）	供电度数/度
辅助生产车间	运输车间		1 200
	供电车间	500	
基本生产车间	X产品		800
	Y产品		8 000
	一般耗用	2 800	1 000
企业管理部门		700	500
合计		4 000	11 500

2. 要求

根据上述资料计算X、Y两种产品的成本，填列各种"费用分配表"并编制有关的记账凭证，登记"制造费用明细账""辅助生产成本明细账""基本生产成本明细账"。

3. 部分费用分配表及账页如下

（1）材料费用分配表如表3-8所示。

表3-8　材料费用分配表

应借账户			共同耗用原材料的分配					直接领用的原材料	耗用原材料合计
总账	明细账	成本或费用项目	投产量/件	单件定额消耗量/千克	定额消耗量/千克	分配率	应分配材料费用/元		
基本生产成本	X产品	直接材料	①	②	③=①×②	⑨=⑧/⑦	⑩=③×⑨		
	Y产品	直接材料	④	⑤	⑥=④×⑤		⑪=⑧－⑩		
	小　计				⑦=③+⑥		⑧		
辅助生产成本	运输车间	材料费							
	供电车间	材料费							
制造费用	基本生产车间	机物料消耗							
管理费用		材料费							
合　计									

（2）工资分配表如表3-9所示。

表3-9 工资分配表

应借账户			生产工时/小时	工资/元	
总账账户	明细账户	成本或费用项目		分配率	分配额
基本生产成本	X产品	直接人工			
	Y产品	直接人工			
	小 计				
辅助生产成本	运输车间	职工薪酬			
	供电车间	职工薪酬			
制造费用	基本生产车间	职工薪酬			
在建工程		职工薪酬			
管理费用		职工薪酬			
合 计					

职工福利费分配表略，只编制记账凭证并登账。

（3）折旧费用分配表如表3-10所示。

表3-10 折旧费用分配表

应借账户			原值/元	净残值率/%	使用年限/年	开始使用日期	月折旧额/元
制造费用		机器设备	80 000	3	10	2019年5月	
		房屋	200 000	5	20	2019年5月	
		小计					
辅助生产成本	运输车间	汽车	100 000	3	6	2019年5月	
		房屋	300 000	5	20	2019年5月	
		小计					
	供电车间	电子设备	90 000	3	5	2019年5月	
		房屋	200 000	5	20	2019年5月	
		小计					
管理费用		电子设备	20 000	1	5	2019年5月	
		房屋	300 000	5	20	2019年5月	
		小计					
合计							

（4）辅助生产成本明细账（运输车间）如表3-11所示。

表3-11 辅助生产成本明细账

车间名称：运输车间　　　　　　　　　　　　　　　　　　　　　　　　　　　元

年		凭证号	摘　要	材料费	职工薪酬	折旧费	其他	合计
月	日							
			分配材料费用					
			分配工资					
			分配折旧费					
			本月合计					
			分配辅助生产费用					

（5）辅助生产成本明细账（供电车间）如表3-12所示。

表3-12 辅助生产成本明细账

车间名称：供电车间　　　　　　　　　　　　　　　　　　　　　　　　　　　元

年		凭证号	摘　要	材料费	职工薪酬	折旧费	其他	合计
月	日							
			分配材料费用					
			分配工资					
			分配折旧费					
			本月合计					
			分配辅助生产费用					

（6）辅助生产费用分配表如表3-13所示。

表3-13 辅助生产费用分配表

辅助生产车间的名称			运输车间	供电车间	合计
待分配的费用					
供应的辅助生产车间以外的劳务量					—
分配率					—
基本生产车间耗用（记入"基本生产成本"）	X产品	耗用数量			—
		分配金额			
	Y产品	耗用数量			—
		分配金额			
基本生产车间耗用（记入"制造费用"）	一般耗用	耗用数量			—
		分配金额			
企业管理部门（记入"管理费用"）	耗用数量				—
	分配金额				
分配金额合计					

（7）制造费用明细账如表3-14所示。

表3-14　制造费用明细账

车间名称：基本生产车间　　　　　　　　　　　　　　　　　　　　　　　　　　　　　　　元

年		凭证		摘　要	机物料消耗	职工薪酬	折旧费	运输费	电　费	其　他	合计
月	日	字	号								
				分配材料费用							
				分配工资							
				分配职工福利费							
				分配折旧费							
				分配辅助生产费用							
				本月合计							
				分配制造费用							

（8）制造费用分配表如表3-15所示。

表3-15　制造费用分配表　　　　　　　　　　　　元

应借账户		生产工人工资	分配率	应分配的费用额
基本生产成本	X产品			
	Y产品			
	合　计			

（9）X产品的基本生产成本明细账（如表3-16所示）：X产品生产成本在完工与在产品之间的分配采用在产品按所耗直接材料费用计价法。

表3-16　基本生产成本明细账

产品名称：X产品　　　　　　　　　　　　　　　　　　　　　　　　　　　　　　　　　　元

年		凭证		摘　要	直接材料	燃料和动力	直接人工	制造费用	合计
月	日	字	号						
				月初在产品成本					
				分配材料费用					
				分配工资					
				分配燃料和动力					
				分配制造费用					
				合　计					
				转出完工产品总成本					
				月末在产品成本					

根据产品成本计算单（如表3-17所示）编制记账凭证，最后将X产品基本生产成本明细账补充登记完整。

表3-17 产品成本计算单

产品名称：X产品　　　　　　　　2021年9月　　　　　　　　　　　　　　　元

摘　要	直接材料	燃料和动力	直接人工	制造费用	合　计
月初在产品成本①		0	0	0	
本期生产费用②					
合计③=①+②					
完工产品数量④					
在产品数量⑤					
单位成本（分配率）	⑥=③/（④+⑤）				
完工产品成本	⑦=④×⑥				
月末在产品成本	⑧=③－⑦	0	0	0	

（10）Y产品的基本生产成本明细账：Y产品生产成本在完工与在产品之间的分配采用在产品成本按完工产品成本计算法。

表3-18 基本生产成本明细账

产品名称：Y产品　　　　　　　　　　　　　　　　　　　　　　　　　　元

年		凭证		摘　要	直接材料	燃料和动力	直接人工	制造费用	合　计
月	日	字	号						
				月初在产品成本					
				分配材料费用					
				分配工资					
				分配燃料和动力					
				分配制造费用					
				合　计					
				转出完工产品总成本					
				月末在产品成本					

根据产品成本计算单（如表3-19所示）编制记账凭证，最后将Y产品基本生产成本明细账补充登记完整。

表3-19　产品成本计算单

产品名称：Y产品　　　　　　　　2021年9月　　　　　　　　　　　　　元

摘　要	直接材料	燃料和动力	直接人工	制造费用	合计
月初在产品成本①					
本期生产费用②					
合计③=①+②					
完工产品数量④					
在产品数量⑤					
单位成本（分配率）⑥=③/（④+⑤）					
完工产品成本⑦=④×⑥					
月末在产品成本⑧=③-⑦					

1.3　知识支撑

1. 材料费用的分配材：料定额消耗量比例法（共同耗用一种材料的分配）

在项目一和项目二材料费用的分配中我们分别是按照实际消耗量比例法和体积比例法去分配的，值得注意的是在材料消耗定额比较准确的情况下，一般运用材料定额消耗量的比例（本项目采用该方法）或材料定额费用比例（见项目五）进行分配。

定额是根据一定时期的生产水平和产品的质量要求，规定出一个大多数人经过努力可以达到的合理的消耗标准。

定额消耗量比例法就是以原材料定额消耗量为分配标准进行原材料费用分配的方法。

举例说明：

例1：假设某企业生产甲、乙两种产品，共同耗用某种材料1 200千克，每千克4元。甲产品投产量为140件，单件产品材料定额消耗量（消耗定额）为4千克；乙产品的投产量为80件，单件产品材料定额消耗量（消耗定额）为5.5千克。试计算分配甲、乙产品各自应负担的材料费用。

方法一：（本项目采用方法一）

（1）甲产品材料定额消耗量=实际产量×消耗定额=140×4=560（千克）

　　　乙产品材料定额消耗量=实际产量×消耗定额=80×5.5=440（千克）

（2）分配率=$\dfrac{\text{实际总消耗量×单价}}{\text{各产品定额消耗量之和}}=\dfrac{1\ 200×4}{560+440}=4.8$（元/千克）

（3）甲产品应分配的材料费用=该种产品的定额消耗量×分配率=560×4.8=2 688（元）

乙产品应分配的材料费用＝该种产品的定额消耗量×分配率＝440×4.8＝2 112（元）

方法二：

（1）甲产品材料定额消耗量＝实际产量×消耗定额＝140×4＝560（千克）

乙产品材料定额消耗量＝实际产量×消耗定额＝80×5.5＝440（千克）

（2）分配率＝$\dfrac{实际总消耗量}{各产品定额消耗量之和}$＝$\dfrac{1\ 200}{560＋440}$＝1.2

（3）甲产品应分配的材料实际消耗量＝该种产品的定额消耗量×分配率＝560×1.2＝672（千克）

乙产品应分配的材料实际消耗量＝该种产品的定额消耗量×分配率＝440×1.2＝528（千克）

（4）甲产品应分配的材料费用＝672×4＝2 688（元）

乙产品应分配的材料费用＝528×4＝2 112（元）

2．其他职工薪酬的计提和分配

在本项目中只有"支付基本生产车间勤杂人员刘芳等人的困难补助款"一项其他职工薪酬，属职工福利费。该企业没有采用项目二中预计职工福利费的做法，而是采用在实际发生时据实列支。一般会计处理如下：

支付时：

借：应付职工薪酬——职工福利

　　贷：银行存款/库存现金等

同时：

借：基本生产成本——××产品　　　　　（基本生产车间生产工人的职工福利费）

　　辅助生产成本　　　　　　　　　　（辅助生产车间工人的职工福利费）

　　制造费用　　　　　　　　　　　　（车间管理人员的职工福利费）

　　管理费用　　　　　　　　　　　　（行政管理人员的职工福利费）

　　销售费用　　　　　　　　　　　　（专职销售人员的职工福利费）

　　在建工程　　　　　　　　　　　　（从事工程人员的职工福利费）

　　　⋮

　　贷：应付职工薪酬——职工福利

3．固定资产折旧的分配

（1）折旧的计算。

固定资产折旧的方法有年限平均法、工作量法、双倍余额递减法、年数总和法，因年限平均法和工作量法比较简单，本项目只讲解双倍余额递减法和年数总和法。举例说明：

例2：某企业管理部门用电子设备原值20 000元，预计净残值率1%，使用年限5年，分别采用双倍余额递减法和年数总和法计算各年的折旧额。

①双倍余额递减法。

$$年折旧率 = \frac{2}{折旧年限} = \frac{2}{5} \times 100\% = 40\%$$

预计净残值＝原值×预计净残值率＝20 000×1%＝200（元）

第一年折旧＝年初固定资产账面净值×年折旧率＝20 000×40%＝8 000（元）

第二年折旧＝年初固定资产账面净值×年折旧率＝（20 000－8 000）×40%
　　　　　＝4 800（元）

第三年折旧＝年初固定资产账面净值×年折旧率＝（20 000－8 000－4 800）×40%
　　　　　＝2 880（元）

在该固定资产折旧年限到期前两年内，将固定资产净值扣除预计净残值后平均摊销：

$$第四年折旧 = \frac{20\,000 - 8\,000 - 4\,800 - 2\,880 - 200}{2} = 2\,060（元）$$

$$第五年折旧 = \frac{20\,000 - 8\,000 - 4\,800 - 2\,880 - 200}{2} = 2\,060（元）$$

$$月折旧额 = \frac{年折旧额}{12}$$

②年数总和法。

预计净残值＝原值×预计净残值率＝20 000×1%＝200（元）

$$年折旧率 = \frac{尚可使用年限}{预计使用年限的年数总和}$$

第一年折旧＝（固定资产原值－预计净残值）×年折旧率＝（20 000－200）×
$$\frac{5}{1+2+3+4+5} = 6\,600（元）$$

第二年折旧＝（固定资产原值－预计净残值）×年折旧率＝（20 000－200）×
$$\frac{4}{1+2+3+4+5} = 5\,280（元）$$

第三年折旧＝（固定资产原值－预计净残值）×年折旧率＝（20 000－200）×
$$\frac{3}{1+2+3+4+5} = 3\,960（元）$$

第四年折旧＝（固定资产原值－预计净残值）×年折旧率＝（20 000－200）×
$$\frac{2}{1+2+3+4+5} = 2\,640（元）$$

第五年折旧＝（固定资产原值－预计净残值）×年折旧率＝（20 000－200）×
$$\frac{1}{1+2+3+4+5} = 1\,320（元）$$

$$月折旧额 = \frac{年折旧额}{12}$$

（2）折旧的分配。

借：制造费用　　　　　　　　　（基本生产车间的设备、房屋等的折旧费）

　　辅助生产成本　　　　　　　（辅助生产车间固定资产的折旧费）

　　管理费用　　　　　　　　　（行政管理部门固定资产的折旧费）

　　销售费用　　　　　　　　　（专设销售机构固定资产的折旧费）

　　其他业务成本　　　　　　　（经营租出固定资产计提的折旧费）

　　　　　：

　　贷：累计折旧

4. 辅助生产费用的分配

在企业存在两个或两个以上辅助生产车间时，辅助生产车间之间相互提供劳务的情况就有可能发生，如运输车间为供电车间提供运输，供电车间为运输车间供电。也正是因为这一点，辅助生产费用的分配就有了直接分配法、交互分配法、计划成本分配法、代数分配法和顺序分配法。本教材只介绍直接分配法和交互分配法。

直接分配法是不考虑各辅助生产车间之间相互提供劳务的情况，将各辅助生产费用直接分配给辅助生产以外的各受益单位。举例说明：

例3： ××企业有运输、供电两个辅助生产车间，202×年9月，运输车间发生费用8000元，供电车间发生费用14000元，各辅助生产车间提供的劳务量情况如表3-20所示。

表3-20　劳务供应量

供应对象		运输量/（吨·千米）	供电度数/度
辅助生产车间	运输车间		800
	供电车间	500	
基本生产车间	甲产品		1 000
	乙产品		7 200
	一般耗用	2 800	1 000
企业管理部门		1 200	800
合计		4 500	10 800

根据以上资料编制"辅助生产费用分配表"如表3-21所示。

表3-21 辅助生产费用分配表

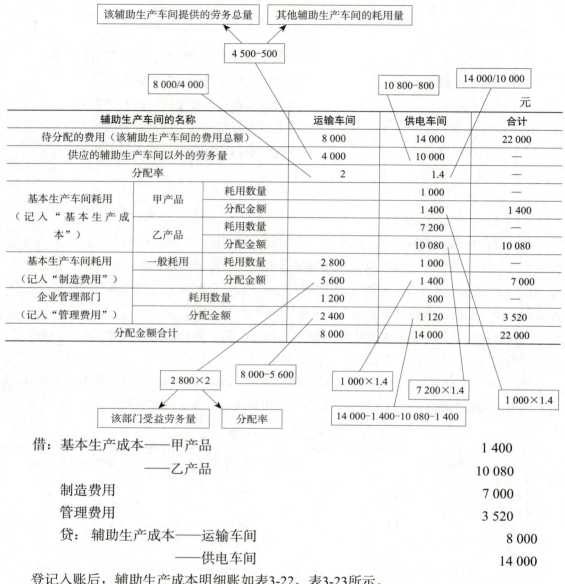

借：基本生产成本——甲产品 1 400

—乙产品 10 080

制造费用 7 000

管理费用 3 520

贷：辅助生产成本——运输车间 8 000

—供电车间 14 000

登记入账后，辅助生产成本明细账如表3-22、表3-23所示。

表3-22 辅助生产成本明细账

运输车间 元

202×年		凭证号	摘 要	材料费	职工薪酬	折旧费	其他	合计
月	日							
9	30		分配材料费用	4 000				4 000
9	30		分配职工薪酬		2 500			2 500
9	30		分配折旧费			1 500		1 500
9	30		本月合计	4 000	2 500	1 500		8 000
9	30		分配辅助生产费用	4 000	2 500	1 500		8 000

表3-23 辅助生产成本明细账

供电车间

202×年		凭证号	摘 要	材料费	职工薪酬	折旧费	其他	合计
月	日							
9	30		分配材料费用	8 000				8 000
9	30		分配职工薪酬		3 500			3 500
9	30		分配折旧费			2 500		2 500
9	30		本月合计	8 000	3 500	2 500		14 000
9	30		分配辅助生产费用	8 000	3 500	2 500		14 000

采用直接分配法，各辅助生产费用只是进行对外分配，分配一次，计算简便，但分配结果不够准确。该方法适用于辅助生产内部相互提供劳务不多、不进行交互分配对成本计算影响不大的情况下采用。

5. 生产成本在完工产品与在产品之间的分配

（1）在产品按所耗直接材料费用计价法。

采用这种分配方法时，月末在产品只计算耗用的直接材料费用，不计算所耗用的加工费用，产品的直接材料费用需要在完工产品与在产品之间进行分配，而产品的加工费用全部计入完工产品成本。产品成本计算单如表3-24所示。

表3-24 产品成本计算单

产品：甲产品 　　　　　　　　　202×年9月30日 　　　　　　　　　元

项目	直接材料	直接人工	制造费用	合计
月初在产品成本	80 000	0	0	80 000
本月生产费用	220 000	30 000	15 000	265 000
合 计	300 000	30 000	15 000	345 000
完工产品数量/件	150	150	150	
在产品数量/件	50	50	50	
完工产品成本	225 000	30 000	15 000	270 000
单位成本	1 500	200	100	1 800
月末在产品成本	75 000	0	0	75 000

1 500×150	300 000/（150+50）	300 000-225 000	30 000/150	0+30000-0

单位成本×完工产品数量		生产费用合计-完工产品成本		生产费用合计-月末在产品成本

生产费用合计/（完工产品数量+在产品数量）　　　完工产品成本/完工产品数量

这种方法适用于各月末在产品数量较多，数量变化也较大，直接材料费在成本中所占比重较大且材料在生产开始时一次投入的产品。如造纸、酿酒等行业的产品。

（2）在产品按完工产品成本计算法。

这种方法是将月末在产品视同完工产品，将应由产品负担的生产费用按完工产品和在产品数量的比例进行分配。产品成本计算单如表3-25所示。

表3-25　产品成本计算单

产品：甲产品　　　　　　　　　　202×年9月30日　　　　　　　　　　　　　　　元

项目	直接材料	直接人工	制造费用	合计
月初在产品成本①	4 680	970	600	6 250
本月生产费用②	43 460	5 880	2 300	51 640
合计③=①+②	48 140	6 850	2 900	57 890
完工产品数量/件④	150	150	150	
在产品数量/件⑤	50	50	50	
完工产品成本⑥=④×⑦	36 105	5 137.5	2 175	43 417.5
单位成本⑦=③/（④+⑤）	240.7	34.25	14.5	289.45
月末在产品成本⑧=③-⑥	12 035	1 712.5	725	14 472.5

这种方法适用于月末在产品已经接近完工，或者已经加工完毕但尚未验收入库的产品。

知识拓展

辅助生产车间"制造费用"的两种处理方法

辅助生产费用的归集是通过"辅助生产成本"账户进行的。辅助生产车间发生的直接费用，如直接材料、直接人工等，直接记入"辅助生产成本"账户的借方，对辅助生产车间发生的制造费用（各项间接辅助生产费用），有两种处理方法：

1. 辅助生产车间设置"制造费用——辅助生产车间"明细账，对辅助生产车间发生的制造费用（各项间接辅助生产费用）可先归集到"制造费用——辅助生产车间"明细账中，期末再分配转入"辅助生产成本"账户。会计处理如下：

（1）发生各项间接辅助生产费用时：

借：制造费用——辅助生产车间

　　贷：累计折旧/周转材料/银行存款等

（2）月终分配制造费用，转入"辅助生产成本"账户：

借：辅助生产成本——××车间

　　贷：制造费用——辅助生产车间

图示：

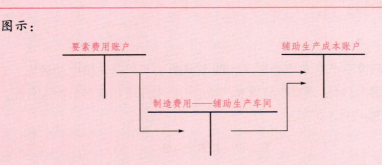

2. 若辅助生产车间不对外提供商品，而且规模较小，制造费用较少，为简化核算，辅助生产车间可不设置"制造费用——辅助生产车间"明细账，辅助生产成本明细账可多设一些专栏，辅助生产车间发生的各项间接费用可直接归集到"辅助生产成本"明细账中，本教材采用该种核算方法。会计处理如下：

借：辅助生产成本——××车间

贷：累计折旧/周转材料/银行存款等

图示：

任务二　练一练

2.1　任务目标

将本项目2.2品种法综合案例三"练一练"独立完成，掌握材料定额消耗量比例法、辅助生产费用分配的直接分配法和生产成本的分配（在产品成本按所耗直接材料费用计价法和在产品成本按完工产品成本计算法）。

2.2 任务内容（品种法综合案例三"练一练"）

1. 案例资料

（1）大湖公司设一个基本生产车间、两个辅助生产车间（供电和运输），大量生产X、Y两种产品，采用品种法计算产品成本，辅助生产费用采用直接分配法分配。

（2）产量记录如表3-26所示。

表3-26　产量记录表　　　　　　　　　　　件

2021年9月

产品名称	月初在产品	本月投产	本月完工	月末在产品
X	300	2 000	1 500	800
Y	200	1 300	800	700

（3）月初在产品成本如表3-27所示。

表3-27　月初在产品成本　　　　　　　　　　元

项　　目	产品名称	直接材料	燃料和动力	直接人工	制造费用	合计
月初在产品	X	30 000	0	0	0	30 000
	Y	7 900	2 100	1 100	3 100	14 200

（4）本月耗费A材料费用118 000元，共同耗用的材料按材料定额消耗量比例法分配如表3-28所示。

表3-28　本月发生的材料费用

产品/部门	金额
X产品直接领用	20 000
Y产品直接领用	8 000
X、Y产品共同耗用	80 000
运输车间	3 500
供电车间	500
生产车间一般耗用	3 000
行政管理部门	3 000
合计	118 000

X产品、Y产品共同耗用材料的单件定额消耗量如表3-29所示

表3-29 X产品、Y产品共同耗用材料的单件定额消耗量

原材料名称	X产品单件定额消耗量/千克	Y产品单件定额消耗量/千克	单位成本/元
A材料	25	20	1.2

（5）本月发生的工资费用如表3-30所示，另外，以现金支付基本生产车间勤杂人员刘芳等人的困难补助款3 500元（其他职工薪酬略）。

表3-30 本月发生的工资费用

产品或部门	基本生产车间生产工人			运输车间	供电车间	基本生产车间管理人员	工程队	厂部管理部门	合计
	X产品	Y产品	小 计						
工资费用/元			30 000	15 000	4 000	3 000	2 000	1 000	55 000
生产工时/小时	600	3 200	3 800						

（6）固定资产使用情况一览表（如表3-31所示）及折旧的计提方法：供电车间电子设备采用双倍余额递减法，管理部门电子设备采用年数总和法，其余均采用年限平均法，其他费用略。

表3-31 固定资产使用情况一览表

车间、部门		原值/元	净残值率/%	使用年限/年	开始使用日期
基本生产车间	机器设备	300 000	3	10	2018年5月
	房屋	400 000	5	20	2018年5月
	小计				
运输车间	汽车	200 000	3	6	2018年5月
	房屋	200 000	5	20	2018年5月
	小计				
供电车间	电子设备	100 000	3	5	2018年5月
	房屋	100 000	5	20	2018年5月
	小计				
管理部门	电子设备	30 000	1	5	2018年5月
	房屋	600 000	5	20	2018年5月
	小计				
合计					

（7）本月各辅助生产车间提供的劳务量情况如表3-32所示。

表3-32 劳务供应量表

供应对象		运输量/（吨·千米）	供电度数/度
辅助生产车间	运输车间		1 000
	供电车间	800	
基本生产车间	X产品		2 000
	Y产品		4 000
	一般耗用	2 600	2 000
企业管理部门		400	800
合　计		3 800	9 800

2. 要求

根据上述资料计算X、Y两种产品的成本，填列各种"费用分配表"并编制有关的记账凭证，登记"制造费用明细账""辅助生产成本明细账""基本生产成本明细账"。

3. 部分费用分配表及账页如下

（1）材料费用分配表如表3-33所示。

表3-33 材料费用分配表

应借账户			共同耗用原材料的分配					直接领用的原材料	耗用原材料合计
总账	明细账	成本或费用项目	投产量/件	单件定额消耗量/千克	定额消耗量/千克	分配率	应分配材料费用/元		
基本生产成本	X产品	直接材料							
	Y产品	直接材料							
	小　计								
辅助生产成本	运输车间	材料费							
	供电车间	材料费							
制造费用	基本生产车间	机物料消耗							
管理费用		材料费							
合　计									

（2）工资分配表如表3-34所示。

表3-34　工资分配表

应借账户			生产工时/小时	工资/元	
总账账户	明细账户	成本或费用项目		分配率	分配额
基本生产成本	X产品	直接人工			
	Y产品	直接人工			
	小　计				
辅助生产成本	运输车间	职工薪酬			
	供电车间	职工薪酬			
制造费用	基本生产车间	职工薪酬			
在建工程		职工薪酬			
管理费用		职工薪酬			
合　计					

职工福利费分配表略，只编制记账凭证并登账。

（3）折旧费用分配表如表3-35所示。

表3-35　折旧费用分配表

应借账户			原值/元	净残值率/%	使用年限/年	开始使用日期	月折旧额/元
制造费用		机器设备	300 000	3	10	2018年5月	
		房屋	400 000	5	20	2018年5月	
		小计					
辅助生产成本	运输车间	汽车	200 000	3	6	2018年5月	
		房屋	200 000	5	20	2018年5月	
		小计					
	供电车间	电子设备	100 000	3	5	2018年5月	
		房屋	100 000	5	20	2018年5月	
		小计					
管理费用		电子设备	30 000	1	5	2018年5月	
		房屋	600 000	5	20	2018年5月	
		小计					
合　计							

（4）运输车间辅助生产成本明细账如表3-36所示。

表3-36　辅助生产成本明细账

车间名称：运输车间　　　　　　　　　　　　　　　　　　　　　　　　　　　　元

年		凭证号	摘　　要	材料费	职工薪酬	折旧费	其他	合计
月	日							
			分配材料费用					
			分配工资					
			分配折旧费					
			本月合计					
			分配辅助生产费用					

（5）供电车间辅助生产成本明细账如表3-37所示。

表3-37　辅助生产成本明细账

车间名称：供电车间　　　　　　　　　　　　　　　　　　　　　　　　　　　　元

年		凭证号	摘　　要	材料费	职工薪酬	折旧费	其他	合计
月	日							
			分配材料费用					
			分配工资					
			分配折旧费					
			本月合计					
			分配辅助生产费用					

（6）辅助生产费用分配表如表3-38所示。

表3-38　辅助生产费用分配表　　　　　　　　元

辅助生产车间的名称			运输车间	供电车间	合计
待分配的费用					
供应的辅助生产车间以外的劳务量					—
分配率					—
基本生产车间耗用 （记入"基本生产成本"）	X产品	耗用数量			—
		分配金额			
	Y产品	耗用数量			—
		分配金额			
基本生产车间耗用 （记入"制造费用"）	一般耗用	耗用数量			—
		分配金额			
企业管理部门 （记入"管理费用"）	耗用数量				—
	分配金额				
分配金额合计					

（7）制造费用明细账如表3-39所示。

表3-39 制造费用明细账

车间名称：基本生产车间　　　　　　　　　　　　　　　　　　　　　　　　元

年		凭证		摘 要	机物料消耗	职工薪酬	折旧费	运输费	电费	其他	合计
月	日	字	号								
				分配材料费用							
				分配工资							
				分配职工福利费							
				分配折旧费							
				分配辅助生产费用							
				本月合计							
				分配制造费用							

（8）制造费用分配表如表3-40所示。

表3-40 制造费用分配表　　　　　　　　　　元

应借账户		生产工人工资	分配率	应分配的费用额
基本生产成本	X产品			
	Y产品			
	合 计			

（9）X产品的基本生产成本明细账（如表3-41所示）：X产品生产成本在完工产品与在产品之间的分配采用在产品按所耗直接材料费用计价法。

表3-41 基本生产成本明细账

产品名称：X产品　　　　　　　　　　　　　　　　　　　　　　　　　　　元

年		凭证		摘 要	直接材料	燃料和动力	直接人工	制造费用	合计
月	日	字	号						
				月初在产品成本					
				分配材料费用					
				分配工资					
				分配燃料和动力					
				分配制造费用					
				合 计					
				转出完工产品总成本					
				月末在产品成本					

根据产品成本计算单（如表3-42所示）编制记账凭证，最后将X产品基本生产成本明细账补充登记完整。

表3-42 产品成本计算单

产品名称：X产品　　　　　　　2021年9月　　　　　　　　　　　　　　　　元

摘　要	直接材料	燃料和动力	直接人工	制造费用	合　计
月初在产品成本		0	0	0	
本期生产费用					
合　计					
完工产品数量					
在产品数量					
单位成本（分配率）					
完工产品成本					
月末在产品成本		0	0	0	

（10）Y产品基本生产成本明细账（如表3-43所示）：Y产品生产成本在完工产品与在产品之间的分配采用在产品成本按完工产品成本计算法。

表3-43 基本生产成本明细账

产品名称：Y产品　　　　　　　　　　　　　　　　　　　　　　　　　　　元

年		凭证		摘　要	直接材料	燃料和动力	直接人工	制造费用	合　计
月	日	字	号						
				月初在产品成本					
				分配材料费用					
				分配工资					
				分配燃料和动力					
				分配制造费用					
				合　计					
				转出完工产品总成本					
				月末在产品成本					

根据产品成本计算单（如表3-44所示）编制记账凭证，最后将Y产品基本生产成本明细账补充登记完整。

表3-44　产品成本计算单

产品名称：Y产品　　　　　　　　　2021年9月　　　　　　　　　　　　　元

摘　要	直接材料	燃料和动力	直接人工	制造费用	合计
月初在产品成本					
本期生产费用					
合　计					
完工产品数量					
在产品数量					
单位成本（分配率）					
完工产品成本					
月末在产品成本					

任务三　想一想

1．在本项目的材料费用分配中，X、Y两种产品共同耗费A材料一种材料，但如果多种产品共同耗用多种材料时又该如何分配呢？

2．在产品按完工产品成本计算法的缺陷和解决办法是什么？

请同学们继续学习"项目四　品种法综合学习四"。

项目四
品种法综合学习四

知识目标

掌握材料费用按定额消耗量比例法分配（共同耗用多种材料的分配）、生产成本在完工产品与在产品之间的分配（约当产量比例法）。

技能目标

掌握各种费用分配表、明细账的登记和计算。

任务导入

任务一　带一带

1.1　任务目标

在教师的带领下将本项目1.2品种法综合案例四"带一带"完成，初步掌握材料费用按定额消耗量比例法分配（共同耗用多种材料的分配）、生产成本在完工产品与在产品之间的分配（约当产量比例法）。

1.2　任务内容（品种法综合案例四"带一带"）

1. 案例资料

（1）大海公司（制造企业）设一个基本生产车间、两个辅助生产车间（供电和运输），大量生产X、Y两种产品，采用品种法计算产品成本，生产成本在完工产品与期末在产品之间的分配采用约当产量比例法，辅助生产成本采用直接分配法分配。

（2）产量记录如表4-1所示。

表4-1　产量记录表

202×年9月

产品名称	月初在产品/件	本月投产/件	本月完工/件	月末在产品/件	在产品完工程度/%
X	200	380	270	310	50
Y	100	670	590	180	80

（3）月初在产品成本如表4-2所示。

表4-2　月初在产品成本

项　目	产品名称	直接材料	直接人工	制造费用	合计
月初在产品	X	7 500	2 000	3 500	13 000
	Y	5 800	2 000	1 500	9 300

（4）本月耗费A材料费用36 930元，B材料费用26 870元，共同耗用的材料按材料定额消耗量比例法分配，如表4-3所示。

表4-3　本月发生的材料费用

产品/部门	金额
X产品直接领用A材料	10 000
Y产品直接领用B材料	9 000
X、Y产品共同耗用A、B两种材料	A材料：20 000　B材料：15 000
运输车间耗用A材料	3 530
供电车间耗用B材料	470
生产车间一般耗用A材料	3 400
行政管理部门耗用B材料	2 400
合　计	63 800

X产品、Y产品共同耗用材料的单件定额消耗量如表4-4所示。

表4-4 X产品、Y产品共同耗用材料的单件定额消耗量

原材料名称	X产品单件定额消耗量/千克	Y产品单件定额消耗量/千克	单位成本/元
A材料	5	4	6
B材料	3	2	5

（5）本月工资结算单和工资结算汇总表如表4-5和表4-6所示。

表4-5 工资结算单

大海公司　　　　　　　　　　　　202×年9月　　　　　　　　　　　　元

姓名	应付工资						代扣款项						实发工资
	计时工资	加班工资	奖金	津贴补贴	缺勤扣款	合计	养老保险8%	医疗保险2%	失业保险0.3%	住房公积金12%	个人所得税	合计	
张三	5 000.00	100.00	200.00	180.00	90.00	5 390.00	431.20	107.80	16.17	646.80		1 201.97	4 188.03
李丽	4 500.00	140.00	200.00	120.00		4 960.00	396.80	99.20	14.88	595.20		1 106.08	3 853.92
王云	1 800.00	200.00	310.00	180.00	100.00	2 390.00	191.20	47.80	7.17	286.80		532.97	1 857.03
赵会	1 500.00		100.00	360.00	80.00	1 880.00	150.40	37.60	5.64	225.60		419.24	1 460.76
⋮	⋮	⋮	⋮	⋮	⋮	⋮	⋮	⋮	⋮	⋮	⋮	⋮	⋮
合计	66 420.00	3 000.00	5 150.00	4 150.00	900.00	77 820.00	6 225.60	1 556.40	233.46	9 338.40		17 353.86	60 466.14

表4-6 工资结算汇总表

大海公司　　　　　　　　　　　　202×年9月　　　　　　　　　　　　元

车间、部门		应付工资						代扣款项						实发工资
		计时工资	加班工资	奖金	津贴补贴	缺勤扣款	合计	养老保险8%	医疗保险2%	失业保险0.3%	住房公积金12%	个人所得税	合计	实发工资
基本生产车间	生产工人	40 000.00	700.00	2 000.00	1 800.00	400.00	44 100.00	3 528.00	882.00	132.30	5 292.00		9 834.30	34 265.70
	管理人员	2 600.00	150.00	500.00	300.00		3 550.00	284.00	71.00	10.65	426.00		791.65	2 758.35
辅助生产车间	运输	4 820.00	200.00	300.00	200.00	120.00	5 400.00	432.00	108.00	16.20	648.00		1 204.20	4 195.80
	供电	3 500.00	400.00	450.00	300.00	80.00	4 570.00	365.60	91.40	13.71	548.40		1 019.11	3 550.89

续表

车间、部门	应付工资						代扣款项						实发工资
	计时工资	加班工资	奖金	津贴补贴	缺勤扣款	合计	养老保险8%	医疗保险2%	失业保险0.3%	住房公积金12%	个人所得税	合计	
销售人员	4 500.00	750.00	500.00	800.00	80.00	6 470.00	517.60	129.40	19.41	776.40		1 442.81	5 027.19
工程队	3 000.00		400.00	250.00		3 650.00	292.00	73.00	10.95	438.00		813.95	2 836.05
行政管理人员	8 000.00	800.00	1 000.00	500.00	220.00	10 080.00	806.40	201.60	30.24	1 209.60		2 247.84	7 832.16
合计	66 420.00	3 000.00	5 150.00	4 150.00	900.00	77 820.00	6 225.60	1 556.40	233.46	9 338.40		17 353.86	60 466.14

该公司其他职工薪酬略。

（6）固定资产折旧增减变动情况如表4-7所示，该企业采用年限平均法。其他费用略。

表4-7　固定资产折旧增减变动表　　　　　　　　元

车间、部门	上月固定资产提取折旧额	上月增加固定资产的折旧额	上月减少固定资产的折旧额
基本生产车间	2 798	450	548
运输车间	10 473	2 425	1 425
供电车间	2 840	180	142
销售部门	1 100		
行政管理部门	2 600		
合计	19 811	3 055	2 115

（7）本月各辅助生产车间提供的劳务量情况如表4-8所示。

表4-8　劳务供应量

供应对象		运输量/（吨·千米）	供电度数/度
辅助生产车间	运输车间		—
	供电车间	500	
基本生产车间	X产品		1 000
	Y产品		5 000
	一般耗用	2 800	1 000
企业管理部门		700	2 000
合　计		4 000	9 000

2. 要求

根据上述资料计算X、Y两种产品的成本，填列各种"费用分配表"并编制有关的记账凭证，登记"制造费用明细账""辅助生产成本明细账""基本生产成本明细账"。

3. 部分费用分配表及账页如下

（1）材料费用分配表如表4-9和4-10所示。

表4-9　共同耗用材料费用分配表

原材料		A材料⑨	B材料⑩	原材料成本合计 ⑪=⑨+⑩
X产品 投产（　）件	单件定额消耗量/千克			
	定额消耗量/千克（投产量×单件定额消耗量）①			
Y产品 投产（　）件	单件定额消耗量/千克			
	定额消耗量/千克（投产量×单件定额消耗量）②			
定额消耗总量　③=①+②				
实际消耗材料费用④				
分配率⑤=④/③				
原材料费用	X产品⑥=①×⑤			
	Y产品⑦=④-⑥			
	合计⑧=⑥+⑦			

表4-10　材料费用分配表 　　　　　　　　　元

应借账户			应分配材料费用①	直接领用的原材料②	耗用原材料合计 ③=①+②
总　账	明细账	成本或费用项目			
基本生产成本	X产品	直接材料			
	Y产品	直接材料			
	小计				
辅助生产成本	运输车间	材料费			
	供电车间	材料费			
制造费用		机物料消耗			
管理费用		材料费			
合　计					

工资费用分配表如表4-11所示

表4-11 工资费用分配表

应借账户			生产工时/小时	工资/元	
总账账户	明细账户	成本或费用项目		分配率	分配额
基本生产成本	X产品	直接人工	1 200		
	Y产品	直接人工	1 000		
	小 计		2 200		
制造费用	基本生产车间	职工薪酬			
辅助生产成本	运输车间	职工薪酬			
	供电车间	职工薪酬			
销售费用		职工薪酬			
在建工程		职工薪酬			
管理费用		职工薪酬			
合 计					

（3）折旧费用分配表如表4-12所示。

表4-12 折旧费用分配表　　　　　元

应借账户	车间、部门	上月固定资产提取折旧额	上月增加固定资产的折旧额	上月减少固定资产的折旧额	本月固定资产应提折旧额
制造费用	基本生产车间	2 798	450	548	
辅助生产成本	运输车间	10 473	2 425	1 425	
	供电车间	2 840	180	142	
销售费用		1 100			
管理费用		2 600			
合 计		19 811	3 055	2 115	

（4）运输车间辅助生产成本明细账如表4-13所示。

表4-13 辅助生产成本明细账

车间名称：运输车间　　　　　元

年		凭证号	摘 要	材料费	职工薪酬	折旧费	其他	合计
月	日							
			分配材料费用					
			分配工资					
			分配折旧费					
			本月合计					
			分配辅助生产费用					

（5）辅助生产成本明细账如表4-14所示。

表4-14 辅助生产成本明细账

车间名称：供电车间 元

年 月	年 日	凭证号	摘　　要	材料费	职工薪酬	折旧费	其他	合计
			分配材料费用					
			分配工资					
			分配折旧费					
			本月合计					
			分配辅助生产费用					

（6）辅助生产费用分配表如表4-15所示。

表4-15 辅助生产费用分配表 元

辅助生产车间名称		运输车间	供电车间	合计
待分配的费用				
供应的辅助生产车间以外的劳务量				
分配率				
基本生产车间耗用（记入"基本生产成本"）	X产品 耗用数量			
	X产品 分配金额			
	Y产品 耗用数量			
	Y产品 分配金额			
基本生产车间耗用（记入"制造费用"）	一般耗用 耗用数量			
	一般耗用 分配金额			
企业管理部门（记入"管理费用"）	耗用数量			
	分配金额			
分配金额合计				

（7）制造费用明细账如表4-16所示。

表4–16　制造费用明细账

车间名称：基本生产车间　　　　　　　　　　　　　　　　　　　　　　　　　　　元

年		凭证		摘　要	机物料消耗	职工薪酬	折旧费	运输费	电费	其他	合计
月	日	字	号								
				分配材料费用							
				分配工资							
				分配折旧费							
				分配辅助生产费用							
				本月合计							
				分配制造费用							

（8）制造费用分配表如表4-17所示。

表4–17　制造费用分配表　　　　　　　　　　　　　　　　元

应借账户		生产工人工资	分配率	应分配的费用额
基本生产成本	X产品			
	Y产品			
	合计			

（9）X产品基本生产成本明细账如表4-18所示。

表4–18　基本生产成本明细账

产品名称：X产品　　　　　　　投料方式：一次投料　　　　　　　　　　元

年		凭证		摘　要	直接材料	直接人工	制造费用	合计
月	日	字	号					
				月初在产品成本				
				分配材料费用				
				分配工资				
				分配辅助生产费用				
				分配制造费用				
				合　计				
				转出完工产品总成本				
				月末在产品成本				

根据产品成本计算单（如表4-19所示）编制记账凭证，最后将X产品基本生产成本明细账补充登记完整。

表4-19　产品成本计算单

产品名称：X产品　　　　　　　　202×年9月　　　　　　　　　　　　元

摘　要	直接材料	直接人工	制造费用	合计
月初在产品成本①				
本期生产费用②				
合计③=①+②				
月末完工产品数量④				
月末在产品数量⑤				
月末在产品约当产量⑥=⑤×完工程度				
单位成本（分配率）⑦=③/（④+⑥）				
完工产品成本⑧=④×⑦				
月末在产品成本⑨=③-⑧				

（10）Y产品的基本生产成本明细账如表4-20所示。

表4-20　基本生产成本明细账

产品名称：Y产品　　　　　　投料方式：逐步投料　　　　　　　　元

年		凭证		摘　要	直接材料	直接人工	制造费用	合计
月	日	字	号					
				月初在产品成本				
				分配材料费用				
				分配工资				
				分配辅助生产费用				
				分配制造费用				
				合　计				
				转出完工产品总成本				
				月末在产品成本				

根据产品成本计算单（如表4-21所示）编制记账凭证，最后将Y产品基本生产成本明细账补充登记完整。

表4-21　产品成本计算单

产品名称：Y产品　　　　　　　202×年9月　　　　　　　　　　　元

摘　要	直接材料	直接人工	制造费用	合计
月初在产品成本①				
本期生产费用②				
合计③=①+②				
月末完工产品数量④				
月末在产品数量⑤				
月末在产品约当产量⑥=⑤×完工程度				
单位成本（分配率）⑦=③/（④+⑥）				
完工产品成本⑧=④×⑦				
月末在产品成本⑨=③-⑧				

1.3　知识支撑

1. 材料费用的分配：材料定额消耗量比例法（共同耗用多种材料的分配）。

在项目三中X、Y两种产品共同耗用一种材料A材料，分配比较简单，但实际工作中，两种或多种产品共同耗用多种材料的情况是比较常见的，这时，在材料定额消耗量比例法下，企业就需要按照材料种类分别进行分配。举例说明：

例1：某企业基本生产车间生产甲、乙两种产品，共同消耗A、B、C三种材料。本月投产甲产品300件，乙产品200件。根据领料单凭证归类汇总后，编制下列原材料耗用表（如表4-22所示）。

表4-22　原材料耗用表

原材料名称	甲产品材料消耗定额/千克	乙产品材料消耗定额/千克	实际消耗总量/千克	单位成本/元
A材料	20	80	24 200	10
B材料	60	50	30 000	6
C材料	10	20	7 700	4

要求：按定额消耗量比例分配甲、乙两种产品的原材料费用，编制原材料费用分配的会计分录。

甲产品A材料定额消耗量=300×20=6 000（千克）

乙产品A材料定额消耗量=200×80=16 000（千克）

$$分配率=\frac{24\,200\times10}{6\,000+16\,000}=11（元/千克）$$

甲产品耗用A材料费用=6 000×11=66 000（元）

乙产品耗用A材料费用=24 200×10－66 000=176 000（元）

甲产品B材料定额消耗量=300×60=18 000（千克）

乙产品B材料定额消耗量=200×50=10 000（千克）

$$分配率=\frac{30\,000\times6}{18\,000+10\,000}\approx6.43（元/千克）$$

甲产品耗用B材料费用=18 000×6.43=115 740（元）

乙产品耗用B材料费用=30 000×6－115 740=64 260（元）

甲产品C材料定额消耗量=300×10=3 000（千克）

乙产品C材料定额消耗量=200×20=4 000（千克）

$$分配率=\frac{7\,700\times4}{3\,000+4\,000}=4.4（元/千克）$$

甲产品耗用C材料费用=3 000×4.4=13 200（元）

乙产品耗用C材料费用=7 700×4－13 200=17 600（元）

甲产品耗用材料总费用=66 000+115 740+13 200=194 940（元）

乙产品耗用材料总费用=176 000+64 260+17 600=257 860（元）

借：基本生产成本——甲	194 940
——乙	257 860
贷：原材料——A	242 000
——B	180 000
——C	30 800

2．工资费用的归集和分配

在工资费用分配之前也是需要先进行归集的。会计部门应根据计算的每个职工的工资，按车间、部门分别编制工资结算单，作为与职工进行工资结算的依据。为了汇总反映各车间、部门的工资情况，一般还要根据工资结算单，按车间、部门编制"工资结算汇总表"，在本项目"工资结算汇总表"中应付工资总额77 820元，即归集的本月应分配的工资费用总额。

工资费用的分配同项目一1.3中的工资费用的分配。

3．固定资产折旧的分配

由于固定资产折旧的变化一般不是很频繁，为减轻工作量，在采用年限平均法计提折旧时，折旧计算表一般是根据下述公式编制的。

本月应提折旧额=上月提取折旧额+上月增加固定资产的折旧额—

上月减少固定资产的折旧额

其理论依据是当月增加的固定资产当月不计提折旧，从次月起开始计提折旧，当月减少的固定资产当月应照提折旧，从下月起不再提折旧。

4.辅助生产费用的分配

如果产品耗用自制或外购的燃料和动力耗费不大，可不设"燃料和动力"成本项目，则直接用于产品生产的燃料和动力费用，可以分别计入"直接材料"成本项目和"制造费用"成本项目。即将燃料作为分配的材料费处理，而将动力作为制造费用进行核算。

5.生产成本在完工产品与在产品之间的分配：约当产量比例法

（1）约当产量是将月末在产品按其完工程度折合为相当于完工产品的产量。

（2）约当产量比例法是根据完工产品产量与月末在产品约当产量的比例分配计算完工产品成本和月末在产品成本的一种方法。

举例说明：

例2：某企业生产甲产品，本月完工产品产量为400件，月末在产品80件，完工程度为50%。本月生产成本资料如表4-23所示。

表4-23 月初在产品成本和本月生产费用

项 目	直接材料	直接人工	制造费用	合计
月初在产品成本	757.6	142	139	1 038.6
本月生产费用	8 522.4	2 058	3 381	13 961.4
合 计	9 280	2 200	3 520	15 000

元

要求：采用约当产量比例法计算分配本月生产成本。

①甲产品所耗原材料于生产开始时一次投入。

表4-24 产品成本计算单

产品名称：甲产品　　　　　　　202×年9月　　　　　　　　　　　元

摘 要	直接材料	直接人工	制造费用	合计
月初在产品成本①	757.6	142	139	1 038.6
本期生产费用②	8 522.4	2 058	3 381	13 961.4
合计③=①+②	9 280	2 200	3 520	15 000
月末完工产品数量④	400	400	400	
月末在产品数量⑤	80	80	80	
月末在产品约当产量⑥=⑤×完工程度	80	40	40	
单位成本（分配率）⑦=③/（④+⑥）	19.33	5	8	32.33
完工产品成本⑧=⑦×④	7 732	2 000	3 200	12 932
月末在产品成本⑨=③-⑧	1 548	200	320	2 068

说明：若原材料是在生产开始时一次投入的，这时无论在产品完工程度如何，单件在产品和单件完工产品负担的材料费用是相同的，所以分配原材料费用时不需要将在产品数量按完工程度进行折合，但在分配直接人工等加工费用时则需要进行折合。

直接材料成本项目分配：

$$分配率=\frac{9\ 280}{400+80}\approx19.33（元/件）$$

完工产品成本=400×19.33=7 732（元）

月末在产品成本=9 280－7 732=1548（元）

直接人工成本项目的分配：

$$分配率=\frac{2\ 200}{400+40}=5（元/件）$$

完工产品成本=400×5=2000（元）

月末在产品成本=2200-2000=200（元）

制造费用成本项目的分配：

$$分配率=\frac{3\ 520}{400+40}=8（元/件）$$

完工产品成本=400×8=3200（元）

月末在产品成本=3520-3200=320（元）

②甲产品所耗原材料随着加工进度逐步投入。甲产品成本计算单如表4-25所示。

表4-25 产品成本计算单

产品名称：甲产品　　　　　　　　202×年9月　　　　　　　　　　　　　元

摘　要	直接材料	直接人工	制造费用	合计
月初在产品成本①	757.6	142	139	1 038.6
本期生产费用②	8 522.4	2 058	3 381	13 961.4
合计③=①+②	9 280	2 200	3 520	15 000
月末完工产品数量④	400	400	400	
月末在产品数量⑤	80	80	80	
月末在产品约当产量⑥=⑤×完工程度	40	40	40	
单位成本（分配率）⑦=③/（④+⑥）	21.09	5	8	34.09
完工产品成本⑧=⑦×④	8 436	2 000	3 200	13 636
月末在产品成本⑨=③－⑧	844	200	320	1 364

说明：若原材料是随着加工进度逐步投入的，这时无论哪个成本项目的分配都需要将在产品数量按完工程度进行折合。

约当产量比例法适用于月末在产品数量较大，各月末在产品数量变化也较大，产品成本中材料费和加工费所占比重相差不多的产品。

6. 在产品完工程度的计算

采用约当产量比例法时，应分别测定直接材料成本项目的投料程度和直接人工、制造费用成本项目（以下简称加工费用项目）的完工程度，据以计算各成本项目的期末在产品约当产量。

（1）直接材料项目投料程度（或投料率）的计算。

常见材料投料方式如图4-1所示：图中"三角形"和"圆点"代表材料。

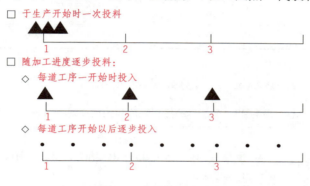

图4-1　常见投料方式

①原材料于生产开始时一次投料，无论单工序或多工序，月末在产品投料程度为100%，

月末在产品约当产量＝月末在产品数量

②原材料随加工进度逐步投料，举例说明：

例3：乙产品经过三道工序加工完成，月末在产品数量及原材料消耗定额资料如表4-26所示。

表4-26　在产品数量及消耗定额

工　序	月末在产品数量/件	消耗定额/千克
1	100	70
2	120	80
3	140	100
合　计	360	250

要求：计算各工序在产品的投料率及月末在产品直接材料成本项目的约当产量。

◇每道工序一开始时投入，计算如表4-27所示。

表4–27　各工序的投料程度和约当产量计算表

工序	月末在产品数量/件	消耗定额/千克	投料程度 某工序投料程度=$\dfrac{前面各工序消耗定额之和+本工序消耗定额}{产品消耗定额}\times100\%$	在产品约当产量/件
1	100	70	$\dfrac{70}{250}\times100\%=28\%$	28
2	120	80	$\dfrac{70+80}{250}\times100\%=60\%$	72
3	140	100	$\dfrac{70+80+100}{250}\times100\%=100\%$	140
合计	360	250		240

◇每道工序开始以后逐步投入，计算如表4-28所示。

表4–28　各工序的投料程度和约当产量计算表

工序	月末在产品数量/件	消耗定额/千克	投料程度 某工序投料程度=$\dfrac{前面各工序消耗定额之和+本工序消耗定额\times50\%}{产品消耗定额}\times100\%$ 注：各工序结存的在产品在本工序的投料程度一般按50%计算	在产品约当产量/件
1	100	70	$\dfrac{70\times50\%}{250}\times100\%=14\%$	14
2	120	80	$\dfrac{70+80\times50\%}{250}\times100\%=44\%$	52.8
3	140	100	$\dfrac{70+80+100\times50\%}{250}\times100\%=80\%$	112
合计	360	250		178.8

值得注意的是，如果原材料随加工进度逐步投入且原材料投入的程度与加工进度完全一致或基本一致，这时月末在产品的投料程度可以采用分配加工费用时的完工程度。

（2）加工费用项目完工程度（或完工率、加工程度）的计算。

①当产品生产是单工序进行的情况下，应对期末在产品的完工率进行测定，依据测定的完工率（即完工程度）计算在产品加工费用项目的约当产量。

②当产品生产是多工序进行的情况下，若各工序在产品数量和单位产品在各工序的加工量相差不多的情况下，前后工序加工程度可互相抵补，全部在产品完工程度可按照50%确定；若各工序在产品数量及加工程度相差悬殊，在产品完工程度应按各工序分别测算，举例说明：

例4：丙产品需要经三道工序加工制成，其工时定额为100小时，其他资料如表4-29所示。

表4-29　在产品数量及工时定额

工　序	在产品数量/件	工时定额（单件产品定额工时）/小时
1	160	40
2	200	30
3	240	30
合　计	600	100

试测算各工序在产品完工率，计算在产品的约当产量。

计算过程如表4-30所示。

表4-30　各工序的加工程度及约当产量计算表

工序	在产品数量/件	工时定额/小时	完工率 某工序在产品完工率 = $\dfrac{\text{前面各工序工时定额之和} + \text{本工序工时定额} \times 50\%}{\text{产品工时定额}}$ 注：各工序结存的在产品在本工序的加工程度一般按50%计算	在产品约当产量/件
1	160	40	$\dfrac{40 \times 50\%}{100} \times 100\% = 20\%$	32
2	200	30	$\dfrac{40 + 30 \times 50\%}{100} \times 100\% = 55\%$	110
3	240	30	$\dfrac{40 + 30 + 30 \times 50\%}{100} \times 100\% = 85\%$	204
合计	600	100		346

知识拓展

广义在产品和狭义在产品的不同

广义在产品是指从整个企业而言没有完成全部生产过程、不能作为商品销售的产品，包括正在各个车间加工中的在制品和已完成一个或几个生产步骤但还需继续加工的半成品。狭义在产品指正在某一车间或某一生产步骤加工的在制品。

任务二 练一练

2.1 任务目标

将本项目2.2品种法综合案例四"练一练"独立完成，掌握材料费用按定额消耗量比例法分配（共同耗用多种材料的分配）、生产成本在完工产品与在产品之间的分配（约当产量比例法）。

2.2 任务内容（品种法综合案例四"练一练"）

1. 案例资料

（1）大海公司设一个基本生产车间、两个辅助生产车间（供电和运输），大量生产X、Y两种产品，采用品种法计算产品成本，生产成本在完工产品与期末在产品之间的分配采用约当产量比例法，辅助生产成本采用直接分配法分配。

（2）产量记录如表4-31所示。

表4-31 产量记录表
202×年9月

产品名称	月初在产品/件	本月投产/件	本月完工/件	月末在产品/件	在产品完工程度/%
X	300	2 000	2 100	200	60
Y	180	2 000	1 800	380	40

（3）月初在产品成本如表4-32所示。

表4-32 月初在产品成本　　　　　　　　　　　　元

项 目	产品名称	直接材料	直接人工	制造费用	合计
月初在产品	X	5 400	3 100	2 900	11 400
	Y	2 700	1 700	2 100	6 500

（4）本月耗费A材料费用66 800元，B材料费用45 400元，共同耗用的材料按材料定额消耗量比例法分配，如表4-33所示。

表4-33 本月发生的材料费用 元

产品、部门	金额
X产品直接领用A材料	20 000
Y产品直接领用B材料	18 000
X、Y产品共同耗用A、B两种材料	A材料：40 000 B材料：25 000
运输车间耗用A材料	3 800
供电车间耗用B材料	500
生产车间一般耗用A材料	3 000
行政管理部门耗用B材料	1 900
合计	112 200

X产品、Y产品共同耗用材料的单件定额消耗量如表4-34所示。

表4-34 X产品、Y产品共同耗用材料的单件定额消耗量

原材料名称	X产品单件定额消耗量/千克	Y产品单件定额消耗量/千克	单位成本/元
A材料	2	3	3.5
B材料	4	2	3

（5）本月工资结算单和工资结算汇总表如表4-35和表4-36所示。

表4-35 工资结算单

大海公司　　　　　　　　　　202×年9月　　　　　　　　　　元

姓名	应付工资						代扣款项						实发工资
	计时工资	加班工资	奖金	津贴补贴	缺勤扣款	合计	养老保险 8%	医疗保险 2%	失业保险 0.3%	住房公积金 12%	个人所得税	合计	
张三	5 000.00	100.00	200.00	180.00	90.00	5 390.00	431.20	107.80	16.17	646.80		1 201.97	4 188.03
李丽	4 500.00	140.00	200.00	120.00		4 960.00	396.80	99.20	14.88	595.20		1 106.08	3 853.92
王云	1 800.00	200.00	310.00	180.00	100.00	2 390.00	191.20	47.80	7.17	286.80		532.97	1 857.03
赵会	1 500.00		100.00	360.00	80.00	1 880.00	150.40	37.60	5.64	225.60		419.24	1 460.76
⋮	⋮	⋮	⋮	⋮	⋮	⋮	⋮	⋮	⋮	⋮	⋮	⋮	⋮
合计	78 000.00	3 200.00	5 150.00	4 150.00	900.00	89 600.00	7 168.00	1 792.00	268.80	10 752.00		19 980.80	69 619.20

表4-36　工资结算汇总表

大海公司　　　　　　　　　　　　　　　　202×年9月　　　　　　　　　　　　　　　　　元

车间、部门		应付工资						代扣款项					合计	实发工资
		计时工资	加班工资	奖金	津贴补贴	缺勤扣款	合计	养老保险 8%	医疗保险 2%	失业保险 0.3%	住房公积金12%	个人所得税		
基本生产车间	生产工人	45 000.00	800.00	2 000.00	1 800.00	400.00	49 200.00	3 936.00	984.00	147.60	5 904.00		10 971.60	38 228.40
	管理人员	3 000.00	150.00	500.00	300.00		3 950.00	316.00	79.00	11.85	474.00		880.85	3 069.15
辅助生产车间	运输	5 000.00	200.00	300.00	200.00	120.00	5 580.00	446.40	111.60	16.74	669.60		1 244.34	4 335.66
	供电	4 000.00	500.00	450.00	300.00	80.00	5 170.00	413.60	103.40	15.51	620.40		1 152.91	4 017.09
销售人员		9 000.00	750.00	500.00	800.00	80.00	10 970.00	877.60	219.40	32.91	1 316.40		2 446.31	8 523.69
工程队		4 000.00		400.00	250.00		4 650.00	372.00	93.00	13.95	558.00		1 036.95	3 613.05
行政管理人员		8 000.00	800.00	1 000.00	500.00	220.00	10 080.00	806.40	201.60	30.24	1 209.60		2 247.84	7 832.16
合计		78 000.00	3 200.00	5 150.00	4 150.00	900.00	89 600.00	7 168.00	1 792.00	268.80	10 752.00		19 980.80	69 619.20

该公司其他职工薪酬略。

（6）固定资产折旧增减变动情况如表4-37所示，该企业采用年限平均法。其他费用略。

表4-37　固定资产折旧增减变动表　　　　　　　　　　　　　　　　元

车间、部门	上月固定资产提取折旧额	上月增加固定资产的折旧额	上月减少固定资产的折旧额
基本生产车间	2 700	500	540
运输车间	10 400	2 000	1 300
供电车间	2 600	190	100
销售部门	1 500		
行政管理部门	2 800		
合　计	20 000	2 690	1 940

（7）本月各辅助生产车间提供的劳务量情况如表4-38所示。

表4-38　劳务供应量

供应对象		运输量/（吨·千米）	供电度数/度
辅助生产车间	运输车间		—
	供电车间	700	
基本生产车间	X产品		7 000
	Y产品		4 000
	一般耗用	2 800	2 000
企业管理部门		500	500
合　计		4 000	13 500

2. 要求

根据上述资料计算X、Y两种产品的成本，填列各种"费用分配表"并编制有关的记账凭证，登记"制造费用明细账""辅助生产成本明细账""基本生产成本明细账"。

3. 部分费用分配表及账页如下

（1）材料费用分配表如表4-39和表4-40所示。

表4-39　共同耗用材料费用分配表

原材料		A材料	B材料	合计
X产品 投产（　）件	单件定额消耗量/千克			
	定额消耗量/千克（投产量×单件定额消耗量）			
Y产品 投产（　）件	单件定额消耗量/千克			
	定额消耗量/千克（投产量×单件定额消耗量）			
定额消耗总量				
实际消耗材料费用				
分配率				
原材料费用	X产品			
	Y产品			
	合　计			

表4-40 材料费用分配表 元

应借账户			应分配材料费用	直接领用的原材料	耗用原材料合计
总账账户	明细账	成本或费用项目			
基本生产成本	X产品	直接材料			
	Y产品	直接材料			
	小 计				
辅助生产成本	运输车间	材料费			
	供电车间	材料费			
制造费用		机物料消耗			
管理费用		材料费			
合 计					

（2）工资费用分配表如表4-41所示。

表4-41 工资费用分配表

应借账户			生产工时/小时	工资/元	
总账账户	明细账户	成本或费用项目		分配率	分配额
基本生产成本	X产品	直接人工	3 200		
	Y产品	直接人工	2 000		
	小 计		5 200		
制造费用	基本生产车间	职工薪酬			
辅助生产成本	运输车间	职工薪酬			
	供电车间	职工薪酬			
销售费用		职工薪酬			
在建工程		职工薪酬			
管理费用		职工薪酬			
合 计					

（3）折旧费用分配表如表4-42所示。

表4-42　折旧费用分配表　　　　　　　　　　　　　　　　　元

应借账户		上月固定资产提取折旧额	上月增加固定资产的折旧额	上月减少固定资产的折旧额	本月固定资产应提折旧额
制造费用	基本生产车间	2 700	500	540	
辅助生产成本	运输车间	10 400	2 000	1 300	
	供电车间	2 600	190	100	
销售费用		1 500			
管理费用		2 800			
合　计		20 000	2 690	1 940	

（4）运输车间辅助生产成本明细账如表4-43所示。

表4-43　辅助生产成本明细账

车间名称：运输车间　　　　　　　　　　　　　　　　　　　　　　　　元

年		凭证号	摘　要	材料费	职工薪酬	折旧费	其他	合计
月	日							
			分配材料费用					
			分配工资					
			分配折旧费					
			本月合计					
			分配辅助生产费用					

（5）供电车间辅助生产成本明细账如表4-44所示。

表4-44　辅助生产成本明细账

车间名称：供电车间　　　　　　　　　　　　　　　　　　　　　　　　元

年		凭证号	摘　要	材料费	职工薪酬	折旧费	其他	合计
月	日							
			分配材料费用					
			分配工资					
			分配折旧费					
			本月合计					
			分配辅助生产费用					

（6）辅助生产费用分配表如表4-45所示。

表4-45　辅助生产费用分配表　　　　　　　　　　元

辅助生产车间的名称			运输车间	供电车间	合计
待分配的费用					
供应的辅助生产车间以外的劳务量					
分配率					
基本生产车间耗用（记入"基本生产成本"）	X产品	耗用数量			
		分配金额			
	Y产品	耗用数量			
		分配金额			
基本生产车间耗用（记入"制造费用"）	一般耗用	耗用数量			
		分配金额			
企业管理部门（记入"管理费用"）	耗用数量				
	分配金额				
分配金额合计					

（7）制造费用明细账如表4-46所示。

表4-46　制造费用明细账

车间名称：基本生产车间　　　　　　　　　　　　　　　　　　元

年		凭证		摘　要	机物料消耗	职工薪酬	折旧费	运输费	电　费	其　他	合计
月	日	字	号								
				分配材料费用							
				分配工资							
				分配折旧费							
				分配辅助生产费用							
				本月合计							
				分配制造费用							

（8）制造费用分配表如表4-47所示。

表4-47　制造费用分配表　　　　　　　　　　　　　　　　　　　　元

应借账户		生产工人工资	分配率	应分配的费用额
基本生产成本	X产品			
	Y产品			
	合计			

（9）X产品的基本生产成本明细账，如表4-48所示。

表4-48　基本生产成本明细账

产品名称：X产品　　　　　　　　投料方式：一次投料　　　　　　　　元

年		凭证		摘　要	直接材料	直接人工	制造费用	合计
月	日	字	号					
				月初在产品成本				
				分配材料费用				
				分配工资				
				分配辅助生产费用				
				分配制造费用				
				合　计				
				转出完工产品总成本				
				月末在产品成本				

根据产品成本计算单（如表4-49所示）编制记账凭证，最后将X产品基本生产成本明细账补充登记完整。

表4-49　产品成本计算单

产品名称：X产品　　　　　　　　202×年9月　　　　　　　　　　　元

摘　要	直接材料	直接人工	制造费用	合计
月初在产品成本				
本期生产费用				
合　计				
月末完工产品数量				
月末在产品数量				
月末在产品约当产量				
单位成本（分配率）				
完工产品成本				
月末在产品成本				

（10）Y产品基本生产成本明细账如表4-50所示。

表4-50　基本生产成本明细账

产品名称：Y产品　　　　　　投料方式：逐步投料　　　　　　　　　　　　元

年		凭证		摘　要	直接材料	直接人工	制造费用	合计
月	日	字	号					
				月初在产品成本				
				分配材料费用				
				分配工资				
				分配辅助生产费用				
				分配制造费用				
				合　计				
				转出完工产品总成本				
				月末在产品成本				

根据产品成本计算单（如表4-51所示）编制记账凭证，最后将Y产品基本生产成本明细账补充登记完整。

表4-51　产品成本计算单

产品名称：Y产品　　　　　　202×年9月　　　　　　　　　　　　　　元

摘　要	直接材料	直接人工	制造费用	合计
月初在产品成本				
本期生产费用				
合　计				
月末完工产品数量				
月末在产品数量				
月末在产品约当产量				
单位成本（分配率）				
完工产品成本				
月末在产品成本				

任务三　想一想

1．在材料费用按定额消耗量比例法的分配中，多种产品耗费多种材料的分配是十分复杂的，需要按照材料种类分别进行分配，难道就没有简单的分配方法吗？

2．在辅助生产费用的分配中，直接分配法因不考虑辅助生产车间之间的分配固然简单，但在辅助生产车间之间相互提供劳务较多的情况下，直接分配法的分配就很不准确，还有其他分配方法吗？

请同学们继续学习"项目五　品种法综合学习五"。

项目五
品种法综合学习五

📋 知识目标

掌握材料费用按定额费用比例法分配（共同耗用单种材料的分配）、辅助生产费用的分配（交互分配法）、生产成本在完工产品与在产品之间的分配（定额成本法）。

🎯 技能目标

掌握各种费用分配表、明细账的登记和计算。

📊 任务导入

任务一　带一带

1.1　任务目标

在教师的带领下将本项目1.2品种法综合案例五"带一带"完成，初步掌握材料费用按定额费用比例法分配（共同耗用单种材料的分配）、辅助生产费用的分配（交互分配法）、生产成本在完工产品与在产品之间的分配（定额成本法）。

1.2 任务内容（品种法综合案例五"带一带"）

1. 案例资料

（1）大山公司（制造企业）设一个基本生产车间、两个辅助生产车间（供电和运输），大量生产X、Y两种产品，采用品种法计算产品成本，生产成本在完工产品与期末在产品之间的分配采用定额成本计价法，辅助生产费用采用交互分配法分配。

（2）产量记录如表5-1所示。

表5-1　产量记录表

202×年9月　　　　　　　　　　　　　　　　　　　　　　　　　　件

产品名称	月初在产品	本月投产	本月完工	月末在产品
X	200	1 080	1 050	230
Y	500	690	650	540

（3）在产品单件定额费用如表5-2所示。

表5-2　在产品单件定额费用　　　　　　　　　　　　　　　　　元

项　目	产品名称	直接材料	燃料和动力	直接人工	制造费用	合计
在产品单件定额费用	X	50	1	10	5	66
	Y	30	2	8	6	46

（4）本月发生A材料费用93 800元，共同耗用的材料按材料定额费用比例法分配，如表5-3所示。

表5-3　本月发生的材料费用　　　　　　　　　　　　　　　　元

产品、部门	金额
X产品直接领用	9 000
Y产品直接领用	2 000
X、Y产品共同耗用	60 000
运输车间	8 000
供电车间	9 000
生产车间一般耗用	3 400
行政管理部门	2 400
合计	93 800

X产品、Y产品共同耗用材料的单件定额消耗量如表5-4所示。

表5-4　X产品、Y产品共同耗用材料的单件定额消耗量

原材料名称	X产品单件定额消耗量/千克	Y产品单件定额消耗量/千克	单位成本/元
A材料	5	6	6

（5）本月工资结算单和工资结算汇总表如表5-5和表5-6所示。

表5-5　工资结算单

大山公司　　　　　　　　　　　　　　　202×年9月　　　　　　　　　　　　　　　元

姓名	应付工资							代扣款项						实发工资
	计时工资	计件工资	加班工资	奖金	津贴补贴	缺勤扣款	合计	养老保险8%	医疗保险2%	失业保险0.3%	住房公积金12%	个人所得税	合计	
张三	5 000.00	2 000.00	100.00	200.00	180.00	90.00	7 390.00	591.20	147.80	22.17	886.80		1 647.97	5 742.03
李丽	4 500.00	1 800.00	140.00	200.00	120.00		6 760.00	540.80	135.20	20.28	811.20		1 507.48	5 252.52
王云	1 800.00		200.00	310.00	180.00	100.00	2 390.00	191.20	47.80	7.17	286.80		532.97	1 857.03
赵会	1 500.00			100.00	360.00	80.00	1 880.00	150.40	37.60	5.64	225.60		419.24	1 460.76
⋮	⋮	⋮	⋮	⋮	⋮	⋮	⋮	⋮	⋮	⋮	⋮	⋮	⋮	⋮
合计	66 420.00	9 800.00	3 000.00	5 150.00	4 150.00	900.00	87 620.00	7 009.60	1 752.40	262.86	10 514.40		19 539.26	68 080.74

表5-6　工资结算汇总表

大山公司　　　　　　　　　　　　　　　202×年9月　　　　　　　　　　　　　　　元

车间、部门		应付工资							代扣款项						实发工资
		计时工资	计件工资	加班工资	奖金	津贴补贴	缺勤扣款	合计	养老保险8%	医疗保险2%	失业保险0.3%	住房公积金12%	个人所得税	合计	
基本生产车间	生产工人	40 000.00	9 800.00	700.00	2 000.00	1 800.00	400.00	53 900.00	4 312.00	1 078.00	161.70	6 468.00		12 019.70	41 880.30
	管理人员	2 600.00		150.00	500.00	300.00		3 550.00	284.00	71.00	10.65	426.00		791.65	2 758.35

续表

车间、部门		应付工资							代扣款项						实发工资
		计时工资	计件工资	加班工资	奖金	津贴补贴	缺勤扣款	合计	养老保险8%	医疗保险2%	失业保险0.3%	住房公积金12%	个人所得税	合计	
辅助生产车间	运输	4 820.00		200.00	300.00	200.00	120.00	5 400.00	432.00	108.00	16.20			1 204.20	4 195.80
	供电	3 500.00		400.00	450.00	300.00	80.00	4 570.00	365.60	91.40	13.71	548.40		1 019.11	3 550.89
销售人员		4 500.00		750.00	500.00	800.00	80.00	6 470.00	517.60	129.40	19.41	776.40		1 442.81	5 027.19
工程队		3 000.00			400.00	250.00		3 650.00	292.00	73.00	10.95	438.00		813.95	2 836.05
行政管理人员		8 000.00		800.00	1 000.00	500.00	220.00	10 080.00	806.40	201.60	30.24	1 209.60		2 247.84	7 832.16
合 计		66 420.00	9 800.00	3 000.00	5 150.00	4 150.00	900.00	87 620.00	7 009.60	1 752.40	262.86	10 514.40		19 539.26	68 080.74

该公司生产工人生产X产品1 020件，计件单价5元；Y产品1 250件，计件单价4元。完工验收时，检出X产品废品80件（其中60件系料废，其余均为工废），Y产品废品50件（全部为工废），其余合格。另外，分别以现金支付基本生产车间勤杂人员刘芳困难补助款1 000元、行政管理人员张宏困难补助款1 500元（其他职工薪酬略）。

（6）本月基本生产车间领用一批生产工具成本1 200元，辅助生产车间领用一批生产工具，其中运输车间500元，供电车间300元。同时基本生产车间报废一批以前领用的生产工具，成本1 000元，残料入库作价100元；报废管理部门一办公桌，出售得现金60元。采用一次摊销法。其他费用略。

（7）本月各辅助生产车间提供的劳务量情况如表5-7所示。

表5-7　劳务供应量

供应对象		运输量/（吨·千米）	供电度数/度
辅助生产车间	运输车间		1 200
	供电车间	500	
基本生产车间	X产品		1 000
	Y产品		3 000
	一般耗用	2 800	1 000
企业管理部门		700	2 000
合　计		4 000	8 200

2. 要求

根据上述资料计算X、Y两种产品的成本，填列各种"费用分配表"并编制有关的记账凭证，登记"制造费用明细账""辅助生产成本明细账""基本生产成本明细账"。

3. 部分费用分配表及账页如下

（1）材料费用分配表如表5-8所示。

表5-8 材料费用分配表 元

应借账户			共同耗用原材料的分配					直接领用的原材料	耗用原材料合计
总账账户	明细账户	成本或费用项目	投产量/件	单件定额费用（单件定额消耗量×单位成本）	定额费用	分配率	应分配材料费用		
基本生产成本	X产品	直接材料	①	②	③=①×②		⑩=③×⑨		
	Y产品	直接材料	④	⑤	⑥=④×⑤	⑨=⑧/⑦	⑪=⑧−⑩		
	小计				⑦=③+⑥		⑧		
辅助生产成本	运输车间	材料费							
	供电车间	材料费							
制造费用	基本生产车间	机物料消耗							
管理费用		材料费							
合 计									

（2）工资分配表如表5-9所示。

表5-9 工资分配表

应借账户			直接计入	分配计入		工资费用合计/元
总账账户	明细账户	成本或费用项目		生产工时/小时	分配金额/元（分配率： ）	
基本生产成本	X产品	直接人工		1 200		
	Y产品	直接人工		1 000		
	小 计			2 200		
制造费用	基本生产车间	职工薪酬				
辅助生产成本	运输车间	职工薪酬				
	供电车间	职工薪酬				
销售费用		职工薪酬				
在建工程		职工薪酬				
管理费用		职工薪酬				
合 计						

职工福利费分配表略，只编制记账凭证并登账。

（3）其他费用分配表。

低值易耗品摊销表略，只编制记账凭证并登账。

（4）运输车间辅助生产成本明细账如表5-10所示。

表5-10　辅助生产成本明细账

车间名称：运输车间　　　　　　　　　　　　　　　　　　　　　　　　　　元

年		凭证号	摘　要	材料费	职工薪酬	低值易耗品	其他	合计
月	日							
			分配材料费用					
			分配工资					
			领用低值易耗品					
			本月合计					
			交互分配					
			对外分配					

（5）供电车间辅助生产成本明细账如表5-11所示。

表5-11　辅助生产成本明细账

车间名称：供电车间　　　　　　　　　　　　　　　　　　　　　　　　　　元

年		凭证号	摘　要	材料费	职工薪酬	低值易耗品	其他	合计
月	日							
			分配材料费用					
			分配工资					
			领用低值易耗品					
			本月合计					
			交互分配					
			对外分配					

（6）辅助生产费用分配表如表5-12所示。

表5-12　辅助生产费用分配表　　　　　　　　　　元

项目	交互分配			对外分配		
辅助生产车间名称	运输	供电	合计	运输	供电	合计
待分配费用						
供应劳务量						
费用分配率						

项目			交互分配			对外分配		
辅助生产车间名称			运输	供电	合计	运输	供电	合计
辅助生产车间耗用 （记入"辅助生产成本"）	运输 车间	数量						
		金额						
	供电 车间	数量						
		金额						
	金额小计							
基本生产车间耗用 （记入"基本生产成本"）	X产品	数量						
		金额						
	Y产品	数量						
		金额						
基本生产车间耗用 （记入"制造费用"）	车间一 般耗用	数量						
		金额						
企业管理部门 （记入"管理费用"）		数量						
		金额						
分配金额合计								

（7）制造费用明细账如表5-13所示。

表5-13　制造费用明细账

车间名称：基本生产车间　　　　　　　　　　　　　　　　　　　　　　　　　　　　元

年		凭证		摘　要	机物料消耗	职工薪酬	低值易 耗品	运输费	电　费	其　他	合计
月	日	字	号								
				分配材料费用							
				分配工资							
				分配职工福利费							
				领用低值易耗品							
				低值易耗品报废							
				分配辅助生产费用							
				本月合计							
				分配制造费用							

（8）制造费用分配表如表5-14所示（X、Y产品的机器工时分别为：3 000小时、1 000小时）。

表5-14 制造费用分配表

应借账户		机器工时/小时	分配率/元	应分配的费用额/元
基本生产成本	X产品			
	Y产品			
合 计				

（9）X产品的基本生产成本明细账如表5-15所示。

表5-15 基本生产成本明细账

产品名称：X产品 　　　　　　　　　　　　　　　　　　　　　　　　　　元

年		凭证		摘 要	直接材料	燃料和动力	直接人工	制造费用	合计
月	日	字	号						
				月初在产品成本					
				分配材料费用					
				分配工资					
				分配燃料和动力					
				分配制造费用					
				合 计					
				转出完工产品总成本					
				月末在产品成本					

根据产品成本计算单如表5-16所示编制记账凭证，最后将X产品基本生产成本明细账补充登记完整。

表5-16 产品成本计算单

产品名称：X产品 　　　　　　　　　202×年9月　　　　　　　　　　　　元

摘 要	直接材料	燃料和动力	直接人工	制造费用	合计
月初在产品成本①					
本期生产费用②					
合计③=①+②					
完工产品成本④=③-⑥					
单位成本⑤=④/完工数量					
月末在产品成本⑥					

（10）Y产品的基本生产成本明细账如表5-17所示。

表5-17 基本生产成本明细账

产品名称：Y产品   元

年		凭证		摘 要	直接材料	燃料和动力	直接人工	制造费用	合 计
月	日	字	号						
				月初在产品成本					
				分配材料费用					
				分配工资					
				分配燃料和动力					
				分配制造费用					
				合 计					
				转出完工产品总成本					
				月末在产品成本					

根据产品成本计算单（如表5-18所示）编制记账凭证，最后将Y产品基本生产成本明细账补充登记完整。

表5-18 产品成本计算单

产品名称：Y产品   202×年9月   元

摘 要	直接材料	燃料和动力	直接人工	制造费用	合计
月初在产品成本①					
本期生产费用②					
合计③=①+②					
完工产品成本④=③-⑥					
单位成本⑤=④/完工数量					
月末在产品成本⑥					

1.3 知识支撑

1. 材料费用的分配：材料定额费用比例法（共同耗用一种材料的分配）。

在项目四中我们学习到，两种或多种产品共同耗用多种材料时定额消耗量比例法是按照材料种类分别进行分配的，工作量太大，为简化核算，我们在本项目给大家介绍另一种材料分配的方法——材料定额费用比例法。

材料定额费用比例法就是以原材料定额费用为分配标准进行原材料费用分配的方法。

举例说明：

例1: 假设某企业生产甲、乙两种产品,共同耗用某种材料1 200千克,每千克4元。甲产品投产量为140件,甲产品材料消耗定额为4千克;乙产品的投产量为80件,乙产品材料消耗定额为5.5千克。试计算分配甲、乙产品各自应负担的材料费用。

(1)甲产品材料定额费用=实际产量×消耗定额×单价=140×4×4=2 240(元)

乙产品材料定额费用=实际产量×消耗定额×单价=80×5.5×4=1 760(元)

(2)分配率= $\dfrac{实际总消耗量×单价}{各产品定额费用之和}$ = $\dfrac{1\ 200×4}{2\ 240+1\ 760}$ =1.2

(3)甲产品应分配的材料费用=该种产品的定额费用×分配率=2 240×1.2=2 688(元)

乙产品应分配的材料费用=该种产品的定额费用×分配率=1 760×1.2=2 112(元)

2. 应付职工薪酬的分配

计时工资是根据每个职工出勤或缺勤天数,按照规定的工资标准计算的。

计件工资是根据每个职工的产品产量(包括合格品数量和料废数量),乘以规定的计件单价计算。由于工人本人过失造成的工废产品,不计算支付工资。

在分配基本生产车间工人的工资时,计件工资属于直接费用,只需直接计入该产品的成本明细账的"直接人工"成本项目。

计时工资、奖金、津贴及补贴等工资费用属间接费用,一般按生产工时比例等分配计入有关产品成本的"直接人工"成本项目。若取得各产品的实际生产工时数据比较困难,而各种产品的单件工时定额比较准确,也可按定额工时比例分配工资。

知识拓展

生活福利部门人员工资分配及其他职工薪酬计提的会计处理

生活福利部门人员工资分配的会计处理:

借:应付职工薪酬——职工福利

　　贷:应付职工薪酬——工资

生活福利部门人员其他职工薪酬计提的会计处理:

借:管理费用

　　借:应付职工薪酬——职工福利

---

3. 低值易耗品的摊销

低值易耗品领用以后,其价值应摊销计入成本、费用中。低值易耗品摊销额在产品成本中所占比重一般较小,故一般不在生产成本明细账中专设成本项目。低值易耗品摊销方法有一次摊销法(本项目采用该方法)、五五摊销法(见项目六)、分次摊销法(见项目六)。

在一次摊销法下,领用低值易耗品时,其价值一次计入当月成本、费用:

借：制造费用（用于产品生产的低值易耗品）

　　管理费用（用于组织和管理生产经营活动的低值易耗品）

　　辅助生产成本（辅助生产车间领用的低值易耗品）

　　　　　⋮

　　贷：周转材料——低值易耗品

报废时，其残料价值冲减当月有关成本、费用。

借：原材料/银行存款等

　　贷：制造费用/管理费用等

一次摊销法的核算比较简便，但由于低值易耗品的使用期一般不止一个月，因而采用这种方法会使各月成本、费用负担不太合理，还会产生账外财产，不便于实行价值监督。这种方法一般适用于单位价值较低、使用期限较短、一次领用数量不多以及容易破损的低值易耗品。

4. 辅助生产费用的分配：交互分配法

这种方法将辅助生产费用分两次进行分配，先将各辅助生产车间的费用在辅助生产车间之间进行交互分配，然后将各辅助生产车间交互分配后的实际费用（即交互分配前的费用加上交互分配转入的费用，减去交互分配转出的费用）分配给辅助生产车间以外的受益对象。举例说明：

例2：某企业有运输、供电两个辅助生产车间，202×年9月，运输车间发生费用4000元，供电车间发生费用2880元，各辅助生产车间提供的劳务量情况如表5-19所示。

表5-19　劳务供应量

供应对象		运输量/（吨·千米）	供电度数/度
辅助生产车间	运输车间		400
	供电车间	500	
基本生产车间	甲产品		200
	乙产品		800
	一般耗用	1 000	200
企业管理部门		500	800
合计		2 000	2 400

根据以上资料做如下说明：

待分配费用（交互分配前的实际费用）：4 000元　　　　　　　　　2 880元

　　　　　　　　总劳务量：2 000吨·千米　　　　　　2 400度

　　　　　　交互分配率：2元/（吨·千米）　　　　1.2元/度

　　　　　　　　500吨·千米（500×2=1 000元）

　　　　　　　　400度（400×1.2=480元）

交互分配转入的费用　交互分配转出的费用　　　　　交互分配转出的费用　交互分配转入的费用

交互分配后的实际费用：4 000+480－1 000=3 480(元)　　2 880－480+1 000=3 400(元)

对外分配率：3 480÷(2 000－500)=2.32 [元/（吨·千米）]

3 400÷（2 400－400）=1.7（元/度）

其余分配过程同直接分配法。

编制"辅助生产费用分配表"如表5-20所示。

表5-20　辅助生产费用分配表（交互分配法）

202×年9月　　　　　　　　　　　　　　　　　　　　　　　　　　　　　　　元

项目			交互分配			对外分配		
辅助生产车间名称			运输	供电	合计	运输	供电	合计
待分配费用			4 000	2 880	6 880	3 480	3 400	6 880
供应劳务量			2 000	2 400		1 500	2 000	
费用分配率			2	1.2		2.32	1.7	
辅助生产车间耗用（记入"辅助生产成本"）	运输车间	数量		400				
		金额		480	480			
	供电车间	数量	500					
		金额	1 000		1 000			
	金额小计		1 000	480	1 480			
基本生产车间耗用（记入"基本生产成本"）	甲产品	数量				200		
		金额				340		340
	乙产品	数量				800		
		金额					1 360	1 360
基本生产车间耗用（记入"制造费用"）	车间一般耗用	数量				1 000	200	
		金额				2 320	340	2 660
企业管理部门（记入"管理费用"）		数量				500	800	
		金额				1 160	1 360	2 520
分配金额合计						3 480	3 400	6 880

根据上述分配表编制会计分录：

借：辅助生产成本——运输车间　　　　　　　　　　　　　　　　　480

——供电车间　　　　　　　　　　　　　　　　　1 000

贷：辅助生产成本——运输车间　　　　　　　　　　　　　　　　　1 000

——供电车间　　　　　　　　　　　　　　　　　480

借：基本生产成本——甲产品　　　　　　　　　　　　　　340
　　　　　　　　——乙产品　　　　　　　　　　　　1 360
　　制造费用　　　　　　　　　　　　　　　　　　　2 660
　　管理费用　　　　　　　　　　　　　　　　　　　2 520
　　贷：辅助生产成本——运输车间　　　　　　　　　　　　3 480
　　　　　　　　　　——供电车间　　　　　　　　　　　3 400

采用交互分配法，由于对辅助生产内部相互提供的劳务进行了交互分配，所以提高了分配结果的正确性，但计算工作复杂，如果企业的辅助生产部门较多，则不宜采用此方法。

知识拓展

计划成本分配法

计划成本分配法是按照计划单位成本计算、分配辅助生产费用的一种方法。采用计划成本分配法简化和加速了分配的计算工作，便于考核和分析各受益单位的成本，有利于分清各单位的经济责任，但成本分配不够准确，适用于辅助生产劳务计划单位成本比较准确的企业。

【知识总结】直接分配法与交互分配法的比较如表5-21所示。

表5-21　直接分配法与交互分配法的比较

	直接分配法	交互分配法
优点	计算工作简单、分配一次	提高了分配结果的准确性
缺点	分配结果不够准确	计算工作复杂、分配两次
适用	辅助生产内部相互提供劳务不多、不进行交互分配对成本计算影响不大的情况下采用	辅助生产部门较少的企业采用

5. 生产成本在完工产品与在产品之间的分配：在产品按定额成本计价法

这种方法是事先经过调查研究、技术测定和按定额资料直接确定在产品的单件定额成本，月末再根据在产品的数量，计算出在产品的定额成本，进而求得完工产品的成本。举例说明：

例3：某企业生产丙产品，本月完工40件，月末在产品50件，月初在产品成本、本月生产费用和丙在产品单件定额成本如表5-22所示。

表5-22　丙产品费用及定额

项　　目	直接材料	燃料和动力	直接人工	制造费用	合计
月初在产品成本	2 000	700	800	500	4 000
本期生产费用	40 000	8 000	20 000	10 000	78 000
丙在产品单件定额成本	350	90	220	60	720

编制丙产品成本计算单如表5-23所示。

表5-23　丙产品成本计算单　　　　　　　　　　　　　　　　　元

项目	直接材料	燃料和动力	直接人工	制造费用	合计
月初在产品成本①	2 000	700	800	500	4 000
本期生产费用②	40 000	8 000	20 000	10 000	78 000
合计③=①+②	42 000	8 700	20 800	10 500	82 000
完工产品总成本 ④=③-⑥	24 500	4 200	9 800	7 500	46 000
单位成本 ⑤=④/完工数量	612.5	105	245	187.5	1 150
月末在产品成本⑥	17 500	4 500	11 000	3 000	36 000

350×50	90×50	220×50	60×50

单件定额成本×月末在产品数量

编制完工产品入库会计分录：

借：库存商品——丙产品　　　　　　　　　　　　　　　　　　　46 000

　　贷：基本生产成本——丙产品　　　　　　　　　　　　　　　　46 000

在产品按定额成本计价法适用于定额管理水平较高，定额稳定、准确，同时各月在产品数量变化不大的产品。因为若各月在产品数量变动很大，月初月末在产品实际成本与定额成本的差异不能相互抵消，每月实际生产费用脱离定额的差异全部由完工产品负担，影响完工产品成本的正确性。

小贴士

消耗定额与定额消耗量、费用定额与定额费用的关系

消耗定额是指单位产品可以消耗的数量限额，定额消耗量是指一定产量下按照消耗定额计算的可以消耗的数量。费用定额与定额费用则是消耗定额和定额消耗量的货币表现。

公式：

定额消耗量=实际产量×消耗定额

费用定额=消耗定额×材料单价

定额费用=定额消耗量×材料单价

任务二 练一练

2.1 任务目标

将本项目2.2品种法综合案例五"练一练"独立完成，掌握材料费用按定额费用比例法分配（共同耗用单种材料的分配）、辅助生产费用的分配（交互分配法）、生产成本在完工产品与在产品之间的分配（定额成本法）。

2.2 任务内容（品种法综合案例五"练一练"）

1. 案例资料

（1）大山公司设一个基本生产车间、两个辅助生产车间（供电和运输），大量生产X、Y两种产品，采用品种法计算产品成本，生产成本在完工产品与期末在产品之间的分配采用定额成本法，辅助生产费用采用交互分配法分配。

（2）产量记录如表5-24所示。

表5-24 产量记录表

202×年9月 件

产品名称	月初在产品	本月投产	本月完工	月末在产品
X	800	1 170	1 200	770
Y	1 000	980	1 000	980

（3）在产品单件定额费用如表5-25所示。

表5-25 在产品单件定额费用 元

项 目	产品名称	直接材料	燃料和动力	直接人工	制造费用	合计
在产品单件定额费用	X	20	2	14	10	46
	Y	45	3	18	5	71

（4）本月发生A材料费用162 400元，共同耗用的材料按材料定额费用比例法分配如表5-26所示。

表5-26　本月发生的材料费用　　　　　　　　　　　　　　　　　　元

产品、部门	金额
X产品直接领用	20 000
Y产品直接领用	30 000
X、Y产品共同耗用	80 000
运输车间	10 000
供电车间	13 000
生产车间一般耗用	7 000
行政管理部门	2 400
合　计	162 400

X产品、Y产品共同耗用材料的单件定额消耗量如表5-27所示。

表5-27　X产品、Y产品共同耗用材料的单件定额消耗量

原材料名称	X产品单件定额消耗量/千克	Y产品单件定额消耗量/千克	单位成本/元
A材料	3	5	10

（5）本月工资结算单和工资结算汇总表如表5-28和表5-29所示。

表5-28　工资结算单

大山公司　　　　　　　　　　　202×年9月　　　　　　　　　　　元

姓名	应付工资							代扣款项						实发工资
	计时工资	计件工资	加班工资	奖金	津贴补贴	缺勤扣款	合计	养老保险8%	医疗保险2%	失业保险0.3%	住房公积金12%	个人所得税	合计	
张三	5 000.00	2 000.00	100.00	200.00	180.00	90.00	7 390.00	591.20	147.80	22.17	886.80		1 647.97	5 742.03
李丽	4 500.00	1 800.00	140.00	200.00	120.00		6 760.00	540.80	135.20	20.28	811.20		1 507.48	5 252.52
王云	1 800.00		200.00	310.00	180.00	100.00	2 390.00	191.20	47.80	7.17	286.80		532.97	1 857.03
赵会	1 500.00			100.00	360.00	80.00	1 880.00	150.40	37.60	5.64	225.60		419.24	1 460.76
⋮	⋮	⋮	⋮	⋮	⋮	⋮	⋮	⋮	⋮	⋮	⋮	⋮	⋮	⋮
合计	78 000.00	10 800.00	3 200.00	5 150.00	4 150.00	900.00	100 400.00	8 032.00	2 008.00	301.20	12 048.00		22 389.20	78 010.80

表5-29　工资结算汇总表

大山公司　　　　　　　　　　　　　　　　　202×年9月　　　　　　　　　　　　　　　　　元

车间、部门		应付工资							代扣款项						实发工资
		计时工资	计件工资	加班工资	奖金	津贴补贴	缺勤扣款	合计	养老保险8%	医疗保险2%	失业保险0.3%	住房公积金12%	个人所得税	合计	
基本生产	生产工人	45 000.00	10 800.00	800.00	2 000.00	1 800.00	400.00	60 000.00	4 800.00	1 200.00	180.00	7 200.00		13 380.00	46 620.00
	管理人员	3 000.00		150.00	500.00	300.00		3 950.00	316.00	79.00	11.85	474.00		880.85	3 069.15
辅助生产	运输	5 000.00		200.00	300.00	200.00	120.00	5 580.00	446.40	111.60	16.74	669.60		1 244.34	4 335.66
	供电	4 000.00		500.00	450.00	300.00	80.00	5 170.00	413.60	103.40	15.51	620.40		1 152.91	4 017.09
销售人员		9 000.00		750.00	500.00	800.00	80.00	10 970.00	877.60	219.40	32.91	1 316.40		2 446.31	8 523.69
工程队		4 000.00			400.00	250.00		4 650.00	372.00	93.00	13.95	558.00		1 036.95	3 613.05
行政管理人员		8 000.00		800.00	1 000.00	500.00	220.00	10 080.00	806.40	201.60	30.24	1 209.60		2 247.84	7 832.16
合计		78 000.00	10 800.00	3 200.00	5 150.00	4 150.00	900.00	100 400.00	8 032.00	2 008.00	301.20	12 048.00		22 389.20	78 010.80

　　该公司生产工人生产X产品1400件，计件单价4元；Y产品560件，计件单价10元。完工验收时，检出X产品废品40件（其中15件系料废，其余均为工废），Y产品废品30件（全部为工废），其余合格。另外，分别以现金支付基本生产车间勤杂人员刘芳困难补助款7 000元、行政管理人员张宏困难补助款3 500元（其他职工薪酬略）。

　　（6）本月基本生产车间领用一批生产工具成本2 000元，辅助生产车间领用一批生产工具，其中运输车间400元，供电车间800元。同时基本生产车间报废一批以前领用的生产工具，成本1 000元，残料入库作价80元；报废管理部门一办公桌，出售得现金70元。采用一次摊销法。其他费用略。

　　（7）本月各辅助生产车间提供的劳务量情况如表5-30所示。

表5-30 劳务供应量表

供应对象		运输量/（吨·千米）	供电度数/度
辅助生产车间	运输车间		5 000
	供电车间	1 000	
基本生产车间	X产品		6 000
	Y产品		4 500
	一般耗用	2 800	3 500
企业管理部门		700	4 000
合计		4 500	23 000

2. 要求

根据上述资料计算X、Y两种产品的成本，填列各种"费用分配表"并编制有关的记账凭证，登记"制造费用明细账""辅助生产成本明细账""基本生产成本明细账"。

3. 部分费用分配表及账页如下

（1）材料费用分配表如表5-31所示。

表5-31 材料费用分配表　　　　　　　　元

应借账户			共同耗用原材料的分配					直接领用的原材料	耗用原材料合计/元
总账账户	明细账户	成本或费用项目	投产量/件	单件定额费用（单件定额消耗量×单位成本）	定额费用/元	分配率	应分配材料费用/元		
基本生产成本	X产品	直接材料							
	Y产品	直接材料							
	小计								
辅助生产成本	运输车间	材料费							
	供电车间	材料费							
制造费用	基本生产车间	机物料消耗							
管理费用		材料费							
合　计									

（2）工资分配表如表5-32所示。

表5-32 工资分配表

应借账户			直接计入	分配计入		工资费用合计/元
总账账户	明细账户	成本或费用项目		生产工时/小时	分配金额（分配率　）	
基本生产成本	X产品	直接人工		2 200		
	Y产品	直接人工		2 000		
	小　计			4 200		
制造费用	基本生产车间	职工薪酬				
辅助生产成本	运输车间	职工薪酬				
	供电车间	职工薪酬				
销售费用		职工薪酬				
在建工程		职工薪酬				
管理费用		职工薪酬				
合　计						

职工福利费分配表略，只编制记账凭证并登账。

（3）其他费用分配表。

低值易耗品摊销表略，只编制记账凭证并登账。

（4）运输车间辅助生产成本明细账如表5-33所示。

表5-33 辅助生产成本明细账

车间名称：运输车间　　　　　　　　　　　　　　　　　　　　　　　　　　　　　　元

年		凭证号	摘　要	材料费	职工薪酬	低值易耗品	其他	合计
月	日							
			分配材料费用					
			分配工资					
			领用低值易耗品					
			本月合计					
			交互分配					
			对外分配					

（5）供电车间辅助生产成本明细账如表5-34所示。

表5-34　辅助生产成本明细账

车间名称：供电车间　　　　　　　　　　　　　　　　　　　　　　　　　　　　　　　元

年		凭证号	摘　要	材料费	职工薪酬	低值易耗品	其他	合计
月	日							
			分配材料费用					
			分配工资					
			领用低值易耗品					
			本月合计					
			交互分配					
			对外分配					

（6）辅助生产费用分配表如表5-35所示。

表5-35　辅助生产费用分配表　　　　　　　　　　　　　　　　　　　元

项　目			交互分配			对外分配		
辅助生产车间名称			运输	供电	合计	运输	供电	合计
待分配费用								
供应劳务量								
费用分配率								
辅助生产车间耗用（记入"辅助生产成本"）	运输车间	数量						
		金额						
	供电车间	数量						
		金额						
	金额小计							
基本生产车间耗用（记入"基本生产成本"）	X产品	数量						
		金额						
	Y产品	数量						
		金额						
基本生产车间耗用（记入"制造费用"）	车间一般耗用	数量						
		金额						
企业管理部门（记入"管理费用"）		数量						
		金额						
分配金额合计								

（7）制造费用明细账如表5-36所示。

表5-36 制造费用明细账

车间名称：基本生产车间 元

年		凭证		摘 要	机物料消耗	职工薪酬	低值易耗品	运输费	电费	其他	合计
月	日	字	号								
				分配材料费用							
				分配工资							
				分配职工福利费							
				领用低值易耗品							
				低值易耗品报废							
				分配辅助生产费用							
				本月合计							
				分配制造费用							

（8）制造费用分配表如表5-37所示（X、Y产品的机器工时分别为：7 000小时、3 000小时）。

表5-37 制造费用分配表

应借账户		机器工时/小时	分配率	应分配的费用额/元
基本生产成本	X产品			
	Y产品			
合计				

（9）X产品的基本生产成本明细账如表5-38所示。

表5-38 基本生产成本明细账

产品名称：X产品 元

年		凭证		摘 要	直接材料	燃料和动力	直接人工	制造费用	合计
月	日	字	号						
				月初在产品成本					
				分配材料费用					
				分配工资					
				分配燃料和动力					
				分配制造费用					
				合 计					
				转出完工产品总成本					
				月末在产品成本					

根据产品成本计算单（如表5-39所示）编制记账凭证，最后将X产品基本生产成本明细账补充登记完整。

表5-39　产品成本计算单

产品名称：X产品　　　　　　　　202×年9月　　　　　　　　　　　　　　　元

摘　要	直接材料	燃料和动力	直接人工	制造费用	合计
月初在产品成本					
本期生产费用					
合　计					
完工产品成本					
单位成本					
月末在产品成本					

（10）Y产品基本生产成本明细账如表5-40所示。

表5-40　基本生产成本明细账

产品名称：Y产品　　　　　　　　　　　　　　　　　　　　　　　　　　　元

年		凭证		摘　要	直接材料	燃料和动力	直接人工	制造费用	合计
月	日	字	号						
				月初在产品成本					
				分配材料费用					
				分配工资					
				分配燃料和动力					
				分配制造费用					
				合　计					
				转出完工产品总成本					
				月末在产品成本					

　　根据产品成本计算单（如表5-41所示）编制记账凭证，最后将Y产品基本生产成本明细账补充登记完整。

表5-41　产品成本计算单

产品名称：Y产品　　　　　　　　　　　202×年9月　　　　　　　　　　　　　　元

摘　要	直接材料	燃料和动力	直接人工	制造费用	合计
月初在产品成本					
本期生产费用					
合　计					
完工产品成本					
单位成本					
月末在产品成本					

任务三　　想一想

　　1．在本项目的材料费用分配中，X、Y两种产品共同耗费A材料一种材料，并没有体现出材料定额费用比例法在分配材料中的优势，这是为什么呢？

　　2．定额成本计价法只适用于定额管理水平较高、定额稳定、准确，同时各月末在产品数量变动不大的产品，但如果企业各月末在产品数量变动较大时，又该如何分配呢？

　　请同学们继续学习"项目六　品种法综合学习六"。

项目六
品种法综合学习六

知识目标

掌握材料费用按定额费用比例法分配（共同耗用多种材料的分配）、生产成本在完工产品与在产品之间的分配（定额比例法），最后对品种法的概念、特点、适用范围和成本计算程序进行总结。

技能目标

掌握各种费用分配表、明细账的登记和计算。

任务导入

任务一 带一带

1.1 任务目标

在教师的带领下将本项目1.2品种法综合案例六"带一带"完成，初步掌握材料费用按定额费用比例法分配（共同耗用多种材料的分配）、生产成本在完工产品与在产品之间的分配（定额比例法）、品种法的概念、特点、适用范围和成本计算程序。

1.2　任务内容（品种法综合案例六"带一带"）

1. 案例资料

（1）大川公司（制造企业）设一个基本生产车间、两个辅助生产车间（运输和供电），大量生产X、Y两种产品，采用品种法计算产品成本，生产成本在完工产品与期末在产品之间的分配采用定额比例法，辅助生产费用采用交互分配法分配。

（2）产量记录如表6-1所示。

表6-1　产量记录表

202×年9月　　　　　　　　　　　　　　　　　　　　　　　　　　　　　　件

产品名称	月初在产品	本月投产	本月完工	月末在产品
X	300	2 000	1 200	1 100
Y	210	1 300	1 000	510

该公司全年计划产量：X产品25 000件，Y产品15 000件。

（3）月初在产品成本如表6-2所示。

表6-2　月初在产品成本　　　　　　　　　　　　　　　　　　　　　元

项　　目	产品名称	直接材料	燃料和动力	直接人工	制造费用	合计
月初在产品	X	3 700	900	2 200	600	7 400
	Y	4 300	600	1 500	400	6 800

完工产品和在产品单件定额材料费用和单件定额工时如表6-3所示。

表6-3　完工产品和在产品单件定额材料费用和单件定额工时

项目	X产品单件定额材料费用/元	X产品单件定额工时/小时	Y产品单件定额材料费用/元	Y产品单件定额工时/小时
完工产品	80	42	110	18
在产品	10	8	20	2

（4）本月耗费A材料费用116 930元，B材料费用122 870元，共同耗用的材料按材料定额费用比例法分配：

表6-4　本月发生的材料费用　　　　　　　　　　　　　　　元

产品、部门	金额
X产品直接领用A材料	50 000
Y产品直接领用B材料	80 000
X、Y产品共同耗用A、B两种材料	A材料：60 000　B材料：40 000
运输车间耗用A材料	3 530
供电车间耗用B材料	470
生产车间一般耗用A材料	3 400
行政管理部门耗用B材料	2 400
合　计	239 800

X产品、Y产品共同耗用材料的单件定额消耗量如表6-5所示。

表6-5　X产品、Y产品共同耗用材料的单件定额消耗量

原材料名称	X产品单件定额消耗量/千克	Y产品单件定额消耗量/千克	单位成本/元
A材料	5	6	5
B材料	4	6	4

（5）本月工资结算单和工资结算汇总表如表6-6和表6-7所示。

表6-6　工资结算单

大川公司　　　　　　　　　　　　　　202×年9月　　　　　　　　　　　　　　元

姓名	应付工资							代扣款项						实发工资
	计时工资	计件工资	加班工资	奖金	津贴补贴	缺勤扣款	合计	养老保险8%	医疗保险2%	失业保险0.3%	住房公积金12%	个人所得税	合计	
张三	5 000.00	2 000.00	100.00	200.00	180.00	90.00	7 390.00	591.20	147.80	22.17	886.80		1 647.97	5 742.03
李丽	4 500.00	1 800.00	140.00	200.00	120.00		6 760.00	540.80	135.20	20.28	811.20		1 507.48	5 252.52
王云	1 800.00		200.00	310.00	180.00	100.00	2 390.00	191.20	47.80	7.17	286.80		532.97	1 857.03
赵会	1 500.00			100.00	360.00	80.00	1 880.00	150.40	37.60	5.64	225.60		419.24	1 460.76
⋮	⋮	⋮	⋮	⋮	⋮	⋮	⋮	⋮	⋮	⋮	⋮	⋮	⋮	⋮
合计	66 420.00	9 800.00	3 000.00	5 150.00	4 150.00	900.00	87 620.00	7 009.60	1 752.40	262.86	10 514.40		19 539.26	68 080.74

表6-7　工资结算汇总表

大川公司　　　　　　　　　　　　　　　　202×年9月　　　　　　　　　　　　　　　　　　元

车间、部门		应付工资							代扣款项						实发工资
		计时工资	计件工资	加班工资	奖金	津贴补贴	缺勤扣款	合计	养老保险8%	医疗保险 2%	失业保险0.3%	住房公积金12%	个人所得税	合计	
基本生产车间	生产工人	40 000.00	9 800.00	700.00	2 000.00	1 800.00	400.00	53 900.00	4 312.00	1 078.00	161.70	6 468.00		12 019.70	41 880.30
	管理人员	2 600.00		150.00	500.00	300.00		3 550.00	284.00	71.00	10.65	426.00		791.65	2 758.35
辅助生产车间	运输	4 820.00		200.00	300.00	200.00	120.00	5 400.00	432.00	108.00	16.20	648.00		1 204.20	4 195.80
	供电	3 500.00		400.00	450.00	300.00	80.00	4 570.00	365.60	91.40	13.71	548.40		1 019.11	
销售人员		4 500.00		750.00	500.00	800.00	80.00	6 470.00	517.60	129.40	19.41	776.40		1 442.81	5 027.19
工程队		3 000.00			400.00	250.00		3 650.00	292.00	73.00	10.95	438.00		813.95	2 836.05
行政管理人员		8 000.00		800.00	1 000.00	500.00	220.00	10 080.00	806.40	201.60	30.24	1 209.60		2 247.84	7 832.16
合计		66 420.00	9 800.00	3 000.00	5 150.00	4 150.00	900.00	87 620.00	7 009.60	1 752.40	262.86	10 514.40		19 539.26	68 080.74

该公司生产工人生产X产品、Y产品计件工资分别为5 000元和4 800元；按职工工资总额的16%、6%、0.7%、1%、12%、2%、8%计提职工养老保险费、医疗保险费、失业保险费、工伤保险、住房公积金、工会经费和职工教育经费；另外，分别以现金支付基本生产车间勤杂人员刘芳困难补助款1 000元、行政管理人员张宏困难补助款1 500元（其他职工薪酬略）。

（6）本月基本生产车间领用模具一批，成本9 000元，同时运输车间报废模具一批，成本6 000元，残料入库作价700元，供电车间报废模具一批，成本8 000元，残料入库作价500元。采用五五摊销法，其他费用略。

（7）本月各辅助生产车间提供的劳务量情况如表6-8所示。

表6-8 劳务供应量

供应对象		运输量/（吨·千米）	供电度数/度
辅助生产车间	运输车间		—
	供电车间	500	
基本生产车间	X产品		1 000
	Y产品		8 000
	一般耗用	2 800	1 000
企业管理部门		700	2 000
合 计		4 000	12 000

2. 要求

根据上述资料计算X、Y两种产品的成本，填列各种"费用分配表"并编制有关的记账凭证，登记"制造费用明细账""辅助生产成本明细账""基本生产成本明细账"。

3. 部分费用分配表及账页如下

（1）材料费用分配表如表6-9所示。

表6-9 材料费用分配表

应借账户			共同耗用原材料的分配						直接领用的原材料	耗用原材料合计/元
总账账户	明细账户	成本或费用项目	投产量/件	单件定额费用（A材料）	单件定额费用（B材料）	定额费用/元	分配率	应分配材料费用/元		
基本生产成本	X产品	直接材料	①	②	③	④=①×②+⃝×③	⑪=⑩/⑨	⑫=④×⑪		
	Y产品	直接材料	⑤	⑥	⑦	⑧=⑤×⑥+⑤×⑦		⑬=⑩-⑫		
	小计					⑨=④+⑧		⑩		
辅助生产车间	运输车间	材料费								
	供电车间	材料费								
制造费用	基本生产车间	机物料消耗								
管理费用		材料费								
合计										

（2）工资分配表如表6-10所示。

表6-10 工资分配表

应借账户			直接计入	分配计入		工资费用合计/元
总账账户	明细账户	成本或费用项目		生产工时 /小时	分配金额/元 （分配率　）	
基本生产成本	X产品	直接人工		1 200		
	Y产品	直接人工		1 000		
	小　计			2 200		
制造费用	基本生产车间	职工薪酬				
辅助生产成本	运输车间	职工薪酬				
	供电车间	职工薪酬				
销售费用		职工薪酬				
在建工程		职工薪酬				
管理费用		职工薪酬				
合　计						

职工福利费分配表略，只编制记账凭证并登账。

（3）其他职工薪酬分配表如表6-11所示。

表6-11 其他职工薪酬分配表　　　　　　　　　元

应借账户		工资 总额	社会保险费				住房 公积金 12%	工会 经费 2%	职工教 育经费 8%	合计
			养老 16%	医疗 6%	失业 0.7%	工伤 1%				
基本 生产 成本	X产品									
	Y产品									
	小　计									
制造 费用	基本生 产车间									
辅助 生产 成本	运输 车间									
	供电 车间									
销售 费用										
在建 工程										
管理 费用										
合计										

（4）其他费用分配表。

低值易耗品摊销表略，只编制记账凭证并登账。

（5）运输车间辅助生产成本明细账如表6-12所示。

表6-12 辅助生产成本明细账

车间名称：运输车间 　　　　　　　　　　　　　　　　　　　　　　　　　　　　　　元

年		凭证号	摘 要	材料费	职工薪酬	低值易耗品	其他	合计
月	日							
			分配材料费用					
			分配工资					
			分配其他职工薪酬					
			低值易耗品报废					
			本月合计					
			交互分配					
			对外分配					

（6）供电车间辅助生产成本明细账如表6-13所示。

表6-13 辅助生产成本明细账

车间名称：供电车间 　　　　　　　　　　　　　　　　　　　　　　　　　　　　　　元

年		凭证号	摘 要	材料费	职工薪酬	低值易耗品	其他	合计
月	日							
			分配材料费用					
			分配工资					
			分配其他职工薪酬					
			低值易耗品报废					
			本月合计					
			交互分配					
			对外分配					

（7）辅助生产费用分配表如表6-14所示。

表6-14 辅助生产费用分配表   元

项目			交互分配			对外分配		
辅助生产车间名称			运输	供电	合计	运输	供电	合计
待分配费用								
供应劳务量								
费用分配率								
辅助生产车间耗用（记入"辅助生产成本"）	运输车间	数量						
		金额						
	供电车间	数量						
		金额						
	金额小计							
基本生产车间耗用（记入"基本生产成本"）	X产品	数量						
		金额						
	Y产品	数量						
		金额						
基本生产车间耗用（记入"制造费用"）	车间一般耗用	数量						
		金额						
企业管理部门（记入"管理费用"）		数量						
		金额						
分配金额合计								

（8）制造费用明细账如表6-15所示。

表6-15 制造费用明细账

车间名称：基本生产车间   元

年		凭证		摘　要	机物料消耗	职工薪酬	低值易耗品	运输费	电费	其他	合计
月	日	字	号								
				分配材料费用							
				分配工资							
				分配职工福利费							
				分配其他职工薪酬							
				领用低值易耗品							
				分配辅助生产费用							
				本月合计							
				分配制造费用							

（9）制造费用分配表（如表6-16所示）该公司基本生产车间全年度制造费用计划数为350 000元。

表6–16　制造费用分配表

应借账户		实际产量定额工时/小时	计划分配率	应分配的费用额/元
基本生产成本	X产品			
	Y产品			
合计				

（10）X产品的基本生产成本明细账如表6-17所示。

表6–17　基本生产成本明细账

产品名称：X产品　　　　　　　　　　　　　　　　　　　　　　　　　　　　　元

年		凭证		摘　要	直接材料	燃料和动力	直接人工	制造费用	合计
月	日	字	号						
				月初在产品成本					
				分配材料费用					
				分配工资					
				分配其他职工薪酬					
				分配燃料和动力					
				分配制造费用					
				合　计					
				转出完工产品总成本					
				月末在产品成本					

根据产品成本计算单（如表6-18所示）编制记账凭证，最后将X产品基本生产成本明细账补充登记完整。

表6–18　产品成本计算单

产品名称：X产品　　　　　　　　202×年9月　　　　　　　　　　　　　　　元

摘　要	直接材料	燃料和动力	直接人工	制造费用	合计
月初在产品成本①					
本期生产费用②					
合计③=①+②					
完工产品定额④					
月末在产品定额⑤					
单位成本（分配率）⑥=③/（④+⑤）					
完工产品成本⑦=④×⑥					
月末在产品成本⑧=③－⑦					

（11）Y产品的基本生产成本明细账如表6-19所示。

表6-19　基本生产成本明细账

产品名称：Y产品　　　　　　　　　　　　　　　　　　　　　　　　　　　　　　　　元

年		凭证		摘　要	直接材料	燃料和动力	直接人工	制造费用	合计
月	日	字	号						
				月初在产品成本					
				分配材料费用					
				分配工资					
				分配其他职工薪酬					
				分配燃料和动力					
				分配制造费用					
				合　计					
				转出完工产品总成本					
				月末在产品成本					

根据产品成本计算单（如表6-20所示）编制记账凭证，最后将Y产品基本生产成本明细账补充登记完整。

表6-20　产品成本计算单

产品名称：Y产品　　　　　　　　　202×年9月　　　　　　　　　　　　　　　　　元

摘　要	直接材料	燃料和动力	直接人工	制造费用	合计
月初在产品成本①					
本期生产费用②					
合计③=①+②					
完工产品定额④					
月末在产品定额⑤					
单位成本（分配率）⑥=③/（④+⑤）					
完工产品成本⑦=④×⑥					
月末在产品成本⑧=③-⑦					

1.3　知识支撑

1. 材料费用的分配：材料定额费用比例法（共同耗用多种材料的分配）

在项目五中我们给大家介绍了材料定额费用比例法，而且属于多种产品共同耗费一种材料的情况，从计算过程看并没有体现出定额费用比例法的优势。不过实际工作中多种产品共同耗费多种材料是比较常见的，这样材料定额费用比例法的优势便会体现出来。举例说明：

例1：以项目四例1资料为例

甲产品材料定额费用＝300×20×10+300×60×6+300×10×4=180 000（元）

乙产品材料定额费用＝200×80×10+200×50×6+200×20×4=236 000（元）

$$分配率=\frac{24\ 200×10+30\ 000×6+7\ 700×4}{180\ 000+236\ 000}≈1.09$$

甲产品实际耗用原材料费用＝180 000×1.09=196 200（元）

乙产品实际耗用原材料费用＝24 200×10+30 000×6+7 700×4-196 200 =256 600（元）

借：基本生产成本——甲产品   196 200

        ——乙产品   256 600

    贷：原材料——A   242 000

        ——B   180 000

        ——C   30 800

由上述计算过程可见，多种产品耗费多种材料采用定额费用比例法进行分配时是几种材料一起分配，而采用定额消耗量比例法进行分配时是按材料种类分别进行的（见项目四），所以前者的分配过程大大简化了。

2. 低值易耗品的摊销

（1）五五摊销法

五五摊销法是指低值易耗品在领用时先摊销其价值的一半，在报废时再摊销其价值的另一半。即低值易耗品分两次各按50%进行摊销。

在"低值易耗品"二级账户下，分别设"在库""在用"和"摊销"三个明细进行核算：

周转材料——低值易耗品（在库）

周转材料——低值易耗品（在用）

周转材料——低值易耗品（摊销）

举例说明：

例2：甲企业的基本生产车间领用专用工具一批，实际成本为100 000元，采用五五摊销法进行摊销，应做如下会计处理。

①领用时：

借：周转材料——低值易耗品（在用）   100 000

    贷：周转材料——低值易耗品（在库）   100 000

领用时摊销低值易耗品价值一半：

借：制造费用   50 000

    贷：周转材料——低值易耗品（摊销）   50 000

②报废时：

摊销低值易耗品另外一半价值：

借：制造费用　　　　　　　　　　　　　　　　　　　　　　　　　50 000
　　贷：周转材料——低值易耗品（摊销）　　　　　　　　　　　　　50 000

残料入库或出售（200元）：

借：原材料/库存现金　　　　　　　　　　　　　　　　　　　　　　200
　　贷：制造费用　　　　　　　　　　　　　　　　　　　　　　　　200

同时：将周转材料——低值易耗品（摊销）与周转材料——低值易耗品（在用）对冲：

借：周转材料——低值易耗品（摊销）　　　　　　　　　　　　　100 000
　　贷：周转材料——低值易耗品（在用）　　　　　　　　　　　　100 000

采用五五摊销法能够对在用低值易耗品实行价值监督，各月成本、费用负担低值易耗品的摊销额比较合理，但其核算工作量比较大。该方法适用于各月领用和报废低值易耗品的数量比较均衡、各月摊销额相差不多的低值易耗品。

（2）分次摊销法

分次摊销法是指根据低值易耗品可供使用的估计次数，将其价值分次计入有关成本费用的一种方法。采用分次摊销法，各月成本、费用负担的低值易耗品摊销额比较合理，但核算工作量较大。这种方法一般适用于单位价值较高、使用期限较长而不易损坏的低值易耗品，如多次反复使用的专用工具等，另外该方法低值易耗品明细户的设置与五五摊销法相同。

【知识总结】一次摊销法、五五摊销法和分次摊销法的比较如表6-21所示。

表6-21　一次摊销法、五五摊销法和分次摊销法的比较

	一次摊销法	五五摊销法	分次摊销法
优点	核算简便	便于进行价值监督；各月成本、费用负担比较合理，	各月成本、费用负担比较合理
缺点	各月成本、费用负担不太合理，还会产生账外资产，不便于进行价值监督	工作量较大	工作量较大
适用	单位价值较低、使用期限较短、一次领用数量不多以及容易破损的低值易耗品	各月领用和报废低值易耗品的数量比较均衡	单位价值较高、使用期限较长、不易损坏、可供多次反复使用的低值易耗品

3. 制造费用的分配：年度计划分配率法

按年度计划分配率分配法是按照年度开始前确定的全年适用的计划分配率对制造费用进行分配，实际与计划分配额的差异在年终时按已分配数的比例进行调整的方法。举例说明：

例3：某企业某季节性生产车间全年制造费用计划为150 000元，全年各产品的计划产量为：甲产品2 000件，乙产品1 000件；单件产品的定额工时：甲产品3小时，乙产品4小时。

该车间9月的实际产量为：甲产品120件，乙产品100件；该月实际制造费用为12 500元。

按年度计划分配率法计算如下：

年初计算年度计划分配率：

甲产品年度计划产量的定额工时=2 000×3=6 000（小时）

乙产品年度计划产量的定额工时=1 000×4=4 000（小时）

$$制造费用年度计划分配率=\frac{年度制造费用计划总额}{各种产品计划产量的定额工时总数}=\frac{150\ 000}{6\ 000+4\ 000}$$
$$=15（元/小时）$$

9月末：

甲产品本月实际产量的定额工时=120×3=360（小时）

乙产品本月实际产量的定额工时=100×4=400（小时）

编制"制造费用分配表"，如表6-22所示。

表6-22 制造费用分配表

××车间   202×年9月

产品名称	本月实际产量定额工时/小时	年度计划分配率	分配金额/元
甲产品	360		5 400
乙产品	400	15	6 000
合计	760		11 400

（360×15） （400×15）

（5 400+6 000）

根据"制造费用分配表"编制会计分录：

借：基本生产成本——甲产品   5 400

　　　　　　　　——乙产品   6 000

　　贷：制造费用   11 400

9月该车间实际发生的制造费用为12 500元，按年度计划分配率转出的制造费用为11400元，两者之间存在差额（作为"制造费用"账户的月末余额），这个差额在年度内不做调整，在年终时将全年制造费用的实际发生额与计划分配额的差额按已分配数的比例调整，计入12月各种产品的成本。

假设年末该车间全年度制造费用实际发生额为144 000元，全年计划累计分配数为150 000元，其中甲产品已分配100 000元，乙产品已分配50 000元。由于全年计划累计分配额大于实际数，故应将其差额6 000元（150 000－144 000）冲减（若实际数大于计划数则补加）各种产品成本。

甲产品应冲减：$6\ 000×\dfrac{100\ 000}{150\ 000}=4\ 000$（元）

乙产品应冲减：$6\ 000×\dfrac{50\ 000}{150\ 000}=2000$（元）

借：基本生产成本——甲产品 | 4 000 |
            ——乙产品 | 2 000 |
    贷：制造费用 | 6 000 |

经年末调整，制造费用账户年末无余额。

【知识总结】 制造费用各分配方法适用条件的比较。

（1）生产工人工时比例法：该方法是较为常见的一种分配方法，它能将劳动生产率的高低与产品负担费用的多少联系起来，分配结果比较合理。适用于各种产品生产的机械化程度相差不大的车间，因为在这种情况下制造费用的发生额大部分与工人工作时间有一定的比例关系。

（2）生产工人工资比例法：该方法适用于各种产品生产的机械化程度相差不大的车间，因为如果生产机械化程度相差很大的话，会使机械化程度高而工资费用少的产品少负担制造费用，显然不合理。

（3）机器工时比例法：该方法适用于各种产品生产的机械化程度较高的车间，因为机械化程度越高，制造费用与机器设备运转时间的关系也就越密切。

（4）年度计划分配率法：大大简化日常分配核算工作，比较适合于季节性生产的企业，要求采用该方法的企业必须有较高的计划管理水平。

4. 生产成本在完工产品与在产品之间的分配：定额比例法

定额比例法是指按照完工产品和月末在产品成本的定额比例分配生产费用的一种方法。在具体分配时，直接材料成本项目按材料定额消耗量或定额费用比例分配，其他工费项目按定额工时比例分配。举例说明：

例4： 某企业完工产品和期末在产品成本采用定额比例法分配，9月末甲产品有关成本计算资料如表6-23、表6-24所示。

表6-23 甲产品定额资料

项目	定额材料费用/元	定额工时/小时
完工产品	16 000	11 000
月末在产品	4 000	2 000
合计	20 000	13 000

表6-24 月初在产品成本和本月生产费用

产品：甲产品   元

项 目	直接材料	直接人工	制造费用	合计
月初在产品成本	5 500	4 500	6 000	16 000
本月生产费用	18 500	16 300	26 500	61 300
合 计	24 000	20 800	32 500	77 300

根据表6-23、表6-24中的资料，应用定额比例法分配完工产品成本和月末在产品成本

如表6-25所示。

表6–25　甲产品成本计算单　　　　　　　　　　　　　　　　　　元

项　目	直接材料	直接人工	制造费用	合计
月初在产品成本①	5 500	4 500	6 000	16 000
本月生产费用②	18 500	16 300	26 500	61 300
合计③＝①＋②	24 000	20 800	32 500	77 300
完工产品定额④	16 000	11 000	11 000	
在产品定额⑤	4 000	2 000	2 000	
分配率⑥＝③÷（④＋⑤）	1.2	1.6	2.5	—
完工产品成本⑦＝④×⑥	19 200	17 600	27 500	64 300
月末在产品成本⑧＝③－⑦	4 800	3 200	5 000	13 000

$$分配率＝\frac{月初在产品（实际）＋本月生产（实际）}{完工产品（定额）＋在产品（定额）}$$

注："实际"表示实际费用，"定额"表示定额费用或定额工时。

该种方法每月实际生产费用脱离定额的差异，由完工产品和月末在产品共同负担。它适用于定额管理基础较好，各项消耗定额比较准确、稳定，各月末在产品数量变动较大的产品。

5. 品种法的概念

品种法是以产成品品种作为成本计算对象来归集生产成本、计算各种产品成本的一种方法。

6. 品种法的特点

（1）品种法仅以产品品种作为成本计算对象，不分批、不分步。基本生产成本明细账按产品品种分别设置。

（2）成本计算定期进行，与会计报告期一致，而与产品生产周期不一致。

（3）生产费用在完工产品和月末在产品之间分配。

7. 品种法的适用范围

品种法适用于大量大批单步骤生产，如发电、采煤等企业。在大量大批多步骤生产中，若管理上不要求按照生产步骤计算产品成本，也可以采用品种法计算产品成本，如小型水泥厂、小型造纸厂等。

8. 品种法的成本计算程序

品种法成本计算的程序，一般可分为以下几个步骤进行：

（1）按产品品种设置基本生产成本明细账；

（2）归集和分配本月发生的各种要素费用；

（3）分配辅助生产费用；

（4）分配基本车间的制造费用；

（5）计算完工产品成本；

（6）结转完工产品成本。

品种法是最基本的成本计算方法，品种法的计算程序也就是产品成本计算的一般程序。不论制造企业生产何种产品，也不论生产组织和管理要求如何，最终都必须按照产品品种算出产品成本。

知识拓展

生产按组织方式分类

（1）大量生产：指不断地大量重复生产一种或若干种产品的生产。产品品种少、产量较大。如纺织、面粉等的生产。

（2）大批生产：产品批量较大，往往重复生产一种或若干种，性质上接近大量生产。

（3）小批生产：产品批量较小，一批产品一般可同时完工，性质上接近单件生产。

（4）单件生产：是根据订货单位的要求，生产个别的、性质特殊的产品的生产。如船舶、飞机、重型机械制造等。

生产按工艺过程特点分类

（1）单步骤生产（简单生产）：生产工艺比较简单，工艺过程不能间断，或不能分散在不同地点进行的生产，生产周期较短。如发电、采煤。

（2）多步骤生产（复杂生产）：生产工艺较复杂，工艺过程由若干可以间断的生产步骤所组成，生产周期较长。

任务二　练一练

2.1 任务目标

将本项目2.2品种法综合案例六"练一练"独立完成，掌握材料费用按定额费用比例法分配（共同耗用多种材料的分配），生产成本在完工产品与在产品之间的分配（定额比例法），品种法的概念、特点、适用范围和成本计算程序。

2.2 任务内容（品种法综合案例六"练一练"）

1. 案例资料

（1）大川公司设一个基本生产车间、两个辅助生产车间（运输和供电），大量生产X、Y两种产品，采用品种法计算产品成本，生产成本在完工产品与期末在产品之间的分配采用定额比例法，辅助生产费用采用交互分配法分配。

（2）产量记录如表6-26所示。

表6-26　产量记录表

202×年9月　　　　　　　　　　　　　　　　　　　　　　　　　　　件

产品名称	月初在产品	本月投产	本月完工	月末在产品
X	80	2 500	2 100	480
Y	300	1 800	1 980	120

该公司全年计划产量：X产品27 000件，Y产品13 000件。

（3）月初在产品成本如表6-27所示。

表6-27　月初在产品成本　　　　　　　　　　　　　　　　　　　　元

项目	产品名称	直接材料	燃料和动力	直接人工	制造费用	合计
月初在产品	X	4 500	1 000	2 000	600	8 100
	Y	9 500	700	2 500	400	13 100

完工产品和在产品单件定额材料费用和单件定额工时如表6-28所示。

表6-28　完工产品和在产品单件定额材料费用和单件定额工时

项目	X产品单件定额材料费用/元	X产品单件定额工时/小时	Y产品单件定额材料费用/元	Y产品单件定额工时/小时
完工产品	100	30	80	45
在产品	50	10	30	20

（4）本月耗费A材料费用270 900元，B材料费用142 400元，共同耗用的材料按材料定额费用比例法分配如表6-29所示。

表6-29 本月发生的材料费用 元

产品、部门	金额
X产品直接领用A材料	185 000
Y产品直接领用B材料	110 000
X、Y产品共同耗用A、B两种材料	A材料：80 000；B材料：20 000
运输车间耗用A材料	5 000
供电车间耗用B材料	4 000
生产车间一般耗用A材料	900
行政管理部门耗用B材料	8 400
合 计	413 300

X产品、Y产品共同耗用材料的单件定额消耗量如表6-30所示。

表6-30 X产品、Y产品共同耗用材料的单件定额消耗量

原材料名称	X产品单件定额消耗量/千克	Y产品单件定额消耗量/千克	单位成本/元
A材料	6	4	4
B材料	8	6	2

（5）本月工资结算单和工资结算汇总表如表6-31和表6-32所示。

表6-31 工资结算单

大川公司　　　　　　　　　　202×年9月　　　　　　　　　　元

姓名	应付工资							代扣款项						实发工资
	计时工资	计件工资	加班工资	奖金	津贴补贴	缺勤扣款	合计	养老保险 8%	医疗保险 2%	失业保险 0.3%	住房公积金 12%	个人所得税	合计	
张三	5 000.00	2 000.00	100.00	200.00	180.00	90.00	7 390.00	591.20	147.80	22.17	886.80		1 647.97	5 742.03
李丽	4 500.00	1 800.00	140.00	200.00	120.00		6 760.00	540.80	135.20	20.28	811.20		1 507.48	5 252.52
王云	1 800.00		200.00	310.00	180.00	100.00	2 390.00	191.20	47.80	7.17	286.80		532.97	1 857.03
赵会	1 500.00			100.00	360.00	80.00	1 880.00	150.40	37.60	5.64	225.60		419.24	1 460.76
⋮	⋮	⋮	⋮	⋮	⋮	⋮	⋮	⋮	⋮	⋮	⋮	⋮	⋮	⋮
合计	78 000.00	10 800.00	3 200.00	5 150.00	4 150.00	900.00	100 400.00	8 032.00	2 008.00	301.20	12 048.00		22 389.20	78 010.80

表6-32 工资结算汇总表

大川公司 　　　　　　　　　　　202×年9月 　　　　　　　　　　　　　　元

车间、部门		应付工资							代扣款项						实发工资
		计时工资	计件工资	加班工资	奖金	津贴补贴	缺勤扣款	合计	养老保险 8%	医疗保险 2%	失业保险 0.3%	住房公积金 12%	个人所得税	合计	
基本生产	生产工人	45 000.00	10 800.00	800.00	2 000.00	1 800.00	400.00	60 000.00	4 800.00	1 200.00	180.00	7 200.00		13 380.00	46 620.00
	管理人员	3 000.00		150.00	500.00	300.00		3 950.00	316.00	79.00	11.85	474.00		880.85	3 069.15
辅助生产	运输	5 000.00		200.00	300.00	200.00	120.00	5 580.00	446.40	111.60	16.74	669.60		1 244.34	4 335.66
	供电	4 000.00		500.00	450.00	300.00	80.00	5 170.00	413.60	103.40	15.51	620.40		1 152.91	4 017.09
销售人员		9 000.00		750.00	500.00	800.00	80.00	10 970.00	877.60	219.40	32.91	1 316.40		2 446.31	8 523.69
工程队		4 000.00			400.00	250.00		4 650.00	372.00	93.00	13.95	558.00		1 036.95	
行政管理人员		8 000.00		800.00	1 000.00	500.00	220.00	10 080.00	806.40	201.60	30.24	1 209.60		2 247.84	7832.16
合计		78 000.00	10 800.00	3 200.00	5 150.00	4150.00	900.00	100 400.00	8 032.00	2 008.00	301.20	12 048.00		22 389.20	78010.80

该公司生产工人生产X产品、Y产品计件工资分别为6 500元和4 300元；按职工工资总额的16%、6%、0.7%、1%、12%、2%、8%计提职工养老保险费、医疗保险费、失业保险费、工伤保险、住房公积金、工会经费和职工教育经费；另外，分别以现金支付基本生产车间勤杂人员刘芳困难补助款9 000元、行政管理人员张宏困难补助款7 500元（其他职工薪酬略）。

（6）本月基本生产车间领用模具一批，成本10 000元，同时运输车间报废模具一批，成本2 000元，残料入库作价200元，供电车间报废模具一批，成本4 000元，残料入库作价300元。采用五五摊销法。其他费用略。

（7）本月各辅助生产车间提供的劳务量情况如表6-33所示。

表6-33 劳务供应量

供应对象		运输量/(吨·千米)	供电度数/度
辅助生产车间	运输车间		—
	供电车间	1 000	
基本生产车间	X产品		1 000
	Y产品		6 000
	一般耗用	2 800	1 000
企业管理部门		700	700
合 计		4 500	8 700

2. 要求

根据上述资料计算X、Y两种产品的成本，填列各种"费用分配表"并编制有关的记账凭证，登记"制造费用明细账""辅助生产成本明细账""基本生产成本明细账"。

3. 部分费用分配表及账页如下

（1）材料费用分配表如表6-34所示。

表6-34 材料费用分配表　　　　　　　　　　　　　　　　　元

应借账户			共同耗用原材料的分配						直接领用的原材料	耗用原材料合计
总账账户	明细账户	成本或费用项目	投产量/件	单件定额费用（A材料）	单件定额费用（B材料）	定额费用	分配率	应分配材料费用		
基本生产成本	X产品	直接材料								
	Y产品	直接材料								
	小计									
辅助生产车间	运输车间	材料费								
	供电车间	材料费								
制造费用	基本生产车间	机物料消耗								
管理费用		材料费								
合 计										

（2）工资分配表如表6-35所示。

表6-35　工资分配表

应借账户			直接计入	分配计入		工资费用合计/元
总账账户	明细账户	成本或费用项目		生产工时/小时	分配金额/元（分配率：）	
基本生产成本	X产品	直接人工		4 200		
	Y产品	直接人工		800		
	小　计			5 000		
制造费用	基本生产车间	职工薪酬				
辅助生产成本	运输车间	职工薪酬				
	供电车间	职工薪酬				
销售费用		职工薪酬				
在建工程		职工薪酬				
管理费用		职工薪酬				
合　计						

职工福利费分配表略，只编制记账凭证并登账。

（3）其他职工薪酬分配表如表6-36所示。

表6-36　其他职工薪酬分配表　　　　　　元

应借账户		工资总额	社会保险费				住房公积金12%	工会经费2%	职工教育经费8%	合计
			养老16%	医疗6%	失业0.7%	工伤1%				
基本生产成本	X产品									
	Y产品									
	小　计									
制造费用	基本生产车间									
辅助生产成本	运输车间									
	供电车间									
销售费用										
在建工程										
管理费用										
合　计										

（4）其他费用分配表。

低值易耗品摊销表略，只编制记账凭证并登账。

（5）运输车间辅助生产成本明细账如表6-37所示。

表6-37 辅助生产成本明细账

车间名称：运输车间 元

年		凭证号	摘 要	材料费	职工薪酬	低值易耗品	其他	合计
月	日							
			分配材料费用					
			分配工资					
			分配其他职工薪酬					
			低值易耗品报废					
			本月合计					
			交互分配					
			对外分配					

（6）供电车间辅助生产成本明细账如表6-38所示。

表6-38 辅助生产成本明细账

车间名称：供电车间 元

年		凭证号	摘 要	材料费	职工薪酬	低值易耗品	其他	合计
月	日							
			分配材料费用					
			分配工资					
			分配其他职工薪酬					
			低值易耗品报废					
			本月合计					
			交互分配					
			对外分配					

（7）辅助生产费用分配表如表6-39所示。

表6-39　辅助生产费用分配表　　　　　　　　　　　　元

项目		交互分配			对外分配		
辅助生产车间名称		运输	供电	合计	运输	供电	合计
待分配费用							
供应劳务量							
费用分配率							
辅助生产车间耗用（记入"辅助生产成本"）	运输车间 数量						
	运输车间 金额						
	供电车间 数量						
	供电车间 金额						
	金额小计						
基本生产车间耗用（记入"基本生产成本"）	X产品 数量						
	X产品 金额						
	Y产品 数量						
	Y产品 金额						
基本生产车间耗用（记入"制造费用"）	车间一般耗用 数量						
	车间一般耗用 金额						
企业管理部门（记入"管理费用"）	数量						
	金额						
分配金额合计							

（8）制造费用明细账如表6-40所示。

表6-40　制造费用明细账

车间名称：基本生产车间　　　　　　　　　　　　元

年 月	年 日	凭证 字	凭证 号	摘要	机物料消耗	职工薪酬	低值易耗品	运输费	电费	其他	合计
				分配材料费用							
				分配工资							
				分配职工福利费							
				分配其他职工薪酬							
				领用低值易耗品							
				分配辅助生产费用							
				本月合计							
				分配制造费用							

（9）制造费用分配表如表6-41所示，该公司基本生产车间全年度制造费用计划数为300 000元。

表6–41　制造费用分配表

应借账户		实际产量定额工时/小时	计划分配率	应分配的费用额/元
基本生产成本	X产品			
	Y产品			
合　计				

（10）X产品的基本生产成本明细账如表6-42所示。

表6–42　基本生产成本明细账

产品名称：X产品　　　　　　　　　　　　　　　　　　　　　　　　　　　　　　元

年		凭证		摘　要	直接材料	燃料和动力	直接人工	制造费用	合　计
月	日	字	号						
				月初在产品成本					
				分配材料费用					
				分配工资					
				分配其他职工薪酬					
				分配燃料和动力					
				分配制造费用					
				合　　计					
				转出完工产品总成本					
				月末在产品成本					

根据产品成本计算单（如表6-43所示）编制记账凭证，最后将X产品基本生产成本明细账补充登记完整。

表6–43　产品成本计算单

产品名称：X产品　　　　　　　　202×年9月　　　　　　　　　　　　元

摘　要	直接材料	燃料和动力	直接人工	制造费用	合　计
月初在产品成本					
本期生产费用					
合　计					
完工产品定额					
月末在产品定额					
单位成本（分配率）					
完工产品成本					
月末在产品成本					

（11）Y产品的基本生产成本明细账如表6-44所示。

表6-44 基本生产成本明细账

产品名称：Y产品   元

年		凭证		摘 要	直接材料	燃料和动力	直接人工	制造费用	合计
月	日	字	号						
				月初在产品成本					
				分配材料费用					
				分配工资					
				分配其他职工薪酬					
				分配燃料和动力					
				分配制造费用					
				合 计					
				转出完工产品总成本					
				月末在产品成本					

根据产品成本计算单（如表6-45所示）编制记账凭证，最后将Y产品基本生产成本明细账补充登记完整。

表6-45 产品成本计算单

产品名称：Y产品   202×年9月   元

摘 要	直接材料	燃料和动力	直接人工	制造费用	合计
月初在产品成本					
本期生产费用					
合 计					
完工产品定额					
月末在产品定额					
单位成本（分配率）					
完工产品成本					
月末在产品成本					

任务三 想一想

1. 材料费用各种分配方法的比较。

2. 辅助生产费用各种分配方法的比较。

3. 制造费用各种分配方法的比较。

4. 生产成本在完工产品与在产品之间各种分配方法的比较。

5. 品种法是最基本的产品成本计算方法，还有其他的方法吗？

请同学们继续学习"项目七 简单介绍分批法"。

项目七
简单介绍分批法

知识目标

　　对产品成本计算的基本方法——分批法处理流程有一个基本的认识，同时掌握以下知识点：分批法的概念、特点、适用范围和成本计算程序。

技能目标

　　掌握基本生产成本明细账的登记和计算。

任务导入

任务一　带一带

1.1　任务目标

　　在教师的带领下将本项目1.2分批法综合案例"带一带"完成，初步认识产品成本计算

的基本方法——分批法的处理流程，初步掌握以下知识点：分批法的概念、特点、适用范围和成本计算程序。

1.2 任务内容（分批法综合案例"带一带"）

1. 案例资料

大地公司（制造企业）小批生产X、Y、Z三种产品，采用分批法计算各批产品成本。本公司202×年8月投产X产品30件，批号001，本月尚未完工；8月投产Y产品20件，批号002，8月全部完工入库；8月投产Z产品28件，批号为003，8月末完工7件，完工产品按计划成本结转。9月继续加工X、Z产品，9月末X产品仍未完工，Z产品全部完工。有关资料如表7-1、表7-2所示。

表7-1 各批产品生产费用　　　　　　　　　　　　　　　　　　　　　　　　元

月份	批号	直接材料	燃料动力	直接人工	制造费用	合计
8	001	3 200	5 000	4 000	5 510	17 710
8	002	4 000	2 600	2 300	6 000	14 900
8	003	3 600	5 000	3 800	4 000	16 400
9	001		3 300	5 200	6 700	15 200
9	003	6 550	4 625	4 500		15 675

表7-2 Z产品单位计划成本　　　　　　　　　　　　　　　　　　　　　　　元

直接材料	燃料动力	直接人工	制造费用	合计
120	420	300	300	1 140

2. 要求

根据上述资料计算各批产品的成本，登记各批产品成本明细账，详见表7-3、表7-4、表7-5。

表7-3 基本生产成本明细账

批号：001　　　　　　　　　购货单位：大华公司　　　　　　　投产日期：8月3日
产品：X　　　　　　　　　　批量：30件　　　　　　　　　　完工日期：

　　　　　　　　　　　　　　　　　　　　　　　　　　　　　　　　　　　元

2×年		摘 要	直接材料	燃料动力	直接人工	制造费用	合计
月	日						
8	31	分配材料费用					
	31	分配燃料动力					
	31	分配工资费用					

续表

2×年		摘　要	直接材料	燃料动力	直接人工	制造费用	合　计
月	日						
	31	分配制造费用					
	31	合　计					
9	30	分配燃料动力					
	30	分配工资费用					
	30	分配制造费用					
	30	合　计					
	30	本期累计					

表7-4　基本生产成本明细账

批号：002　　　　　购货单位：大中公司　　　　　投产日期：8月05日
产品：Y　　　　　批量：20件　　　　　完工日期：8月28日

元

2×年		摘　要	直接材料	燃料动力	直接人工	制造费用	合　计
月	日						
8	31	分配材料费用					
	31	分配燃料动力					
	31	分配工资费用					
	31	分配制造费用					
	31	合　计					
	31	完工产品成本转出					
		单位成本					

表7-5　基本生产成本明细账

批号：003　　　　　购货单位：大宏公司　　　　　投产日期：8月18日
产品：Z　　　　　批量：28件　　　　　完工日期：9月14日

元

2×年		摘　要	直接材料	燃料动力	直接人工	制造费用	合　计
月	日						
8	31	分配材料费用					
	31	分配燃料动力					
	31	分配工资费用					
	31	分配制造费用					
	31	合　计					

续表

2×年 月	2×年 日	摘 要	直接材料	燃料动力	直接人工	制造费用	合计
	31	完工产品成本转出（7件）					
	31	月末在产品成本					
9	30	分配燃料动力					
	30	分配工资费用					
	30	分配制造费用					
	30	完工产品成本转出（21件）					
	30	全部产品总成本（28件）					
		单位成本					

1.3 知识支撑

1. 分批法的概念

分批法是以产品的批别或订单作为成本计算对象来归集生产费用，计算各批或各件产品成本的一种方法，也称为订单法。

2. 分批法的特点

（1）分批法以订单规定的产品或某一批产品作为成本计算对象。

（2）产品成本计算不定期进行，一般与会计报告期不一致，而与生产周期一致。

（3）分批法一般不需要分配在产品成本，只有待该批产品全部完工时才计算其实际成本。

月末某批产品若已全部完工，该批产品归集的生产成本全部作为完工产品成本；若未完工，则全部列作在产品成本。有时也可能存在跨月完工的情况，且完工产品要交付给订货单位（确认销售、结转成本），可采用简化的做法按完工数量和计划成本（定额成本）结转"库存商品"账户，待该批次产品全部完工后，再重新计算整批产品的总成本和单位成本。

3. 分批法的适用范围

分批法适于小批生产和单件生产，例如精密仪器、专用设备、重型机械和船舶的制造，某些特殊或精密铸件的熔铸，新产品的试制和机器设备的大、中修理，以及辅助生产的工具模具制造等。

4. 分批法的成本计算程序

（1）按批别或订单设置基本生产成本明细账，按成本项目分设专栏。

（2）根据各种生产耗费分配表，将各项生产耗费分产品批别或订单计入产品成本明细账各成本项目。

（3）根据批别或订单产品的完工通知单，将计入已完工批次的产品生产成本汇总，即可计算已完工批次产品的成本。

（4）如同批或同订单产品有跨月陆续完工交货销售的情况，可先按完工数量和单位计划成本（或定额成本）计算结转，从基本生产成本明细账中转出。待该批产品全部完工后，将该批产品成本明细账余额全部结转"库存商品"账户，再计算全批产品的实际总成本和单位成本。

2.1 任务目标

将本项目2.2分批法综合案例"练一练"独立完成，对产品成本计算的基本方法——分批法处理流程有一个基本的认识，掌握以下知识点：分批法的概念、特点、适用范围和成本计算程序。

2.2 任务内容（分批法综合案例"练一练"）

1. 案例资料

大地公司小批生产X、Y、Z三种产品，采用分批法计算各批产品成本。本公司202×年5月投产X产品40件，批号001，本月尚未完工；5月投产Y产品30件，批号002，5月全部完工入库；5月投产Z产品38件，批号为003，5月末完工17件，完工产品按计划成本结转。6月继续加工X、Z产品，6月末X产品仍未完工，Z产品全部完工。有关资料如表7-6、表7-7所示。

表7-6 各批产品生产费用 元

月份	批号	直接材料	燃料动力	直接人工	制造费用	合计
5	001	4 200	3 000	2 000	7 500	16 700
5	002	7 000	1 900	3 300	8 000	20 200
5	003	8 500	5 300	8 500	4 900	27 200
6	001		3 000	7 200	3 000	13 200
6	003		6 000	3 400	4 500	13 900

表7-7 Z产品单位计划成本 元

直接材料	燃料动力	直接人工	制造费用	合计
220	300	300	250	1 070

2. 要求

根据上述资料计算各批产品的成本，登记各批产品成本明细账，详见表7-8、表7-9、表7-10。

表7-8 基本生产成本明细账

批号：001　　　　　　　　购货单位：大华公司　　　　　　　投产日期：5月07日
产品：X　　　　　　　　　　批量：40件　　　　　　　　　　完工日期：

元

2×年		摘 要	直接材料	燃料动力	直接人工	制造费用	合计
月	日						
5	31	分配材料费用					
	31	分配燃料动力					
	31	分配工资费用					
	31	分配制造费用					
	31	合 计					
6	30	分配燃料动力					
	30	分配工资费用					
	30	分配制造费用					
	30	合 计					
	30	本期累计					

表7-9 基本生产成本明细账

批号：002　　　　　　　　购货单位：大中公司　　　　　　　投产日期：5月07日
产品：Y　　　　　　　　　　批量：30件　　　　　　　　　　完工日期：5月25日

元

2×年		摘 要	直接材料	燃料动力	直接人工	制造费用	合计
月	日						
5	31	分配材料费用					
	31	分配燃料动力					
	31	分配工资费用					
	31	分配制造费用					
	31	合 计					

31	完工产品成本转出					
	单位成本					

表7-10　基本生产成本明细账

批号：003　　　　　　　购货单位：大宏公司　　　　　　投产日期：5月18日
产品：Z　　　　　　　　批量：38件　　　　　　　　　完工日期：6月15日

元

2×年		摘　要	直接材料	燃料动力	直接人工	制造费用	合计
月	日						
5	31	分配材料费用					
	31	分配燃料动力					
	31	分配工资费用					
	31	分配制造费用					
	31	合　计					
	31	完工产品成本转出（17件）					
	31	月末在产品成本					
6	30	分配燃料动力					
	30	分配工资费用					
	30	分配制造费用					
	30	完工产品成本转出（21件）					
	30	全部产品总成本（38件）					
		单位成本					

任务三　想一想

　　分批法适用于单步骤生产或管理上不要求分步骤计算成本的多步骤生产，但如果企业从管理上要求按照生产的步骤考核生产耗费、计算产品成本，这时又该怎么办呢？

　　请同学们继续学习"项目八　简单介绍分步法"。

项目八
简单介绍分步法

知识目标

对产品成本计算的基本方法——分步法的处理流程有一个基本的认识，同时掌握以下知识点：分步法的概念、特点、适用范围和成本计算程序。

技能目标

掌握基本生产成本明细账的登记和计算。

任务导入

任务一　带一带

1.1　任务目标

在教师的带领下将本项目1.2分步法综合案例"带一带"完成，初步认识产品成本计算的基本方法——分步法的处理流程，初步掌握以下知识点：分步法的概念、特点、适用范围和成本计算程序。

1.2 任务内容（分步法综合案例"带一带"）

1. 案例资料

大道公司（制造企业）生产X产品需要经过三个基本生产车间连续加工制成，第一车间生产的A半成品直接转入第二车间，第二车间生产的B半成品直接转入第三车间，其中，1件X产品耗用1件B半成品，1件B半成品耗用1件A半成品，最终生产出X产品。公司决定采用逐步结转分步法（综合结转）归集各车间生产费用。三个车间产品所耗的原材料或半成品均是在生产开始时一次投入的，其他费用陆续发生。各车间的生产费用在完工产品和在产品之间的分配采用约当产量比例法计算，在产品完工程度均为50%。该公司202×年9月生产X产品的有关成本计算资料如下。

（1）本月各车间产量资料如表8-1所示。

表8-1　各车间产量资料表　　　　　　　　件

摘要	第一车间	第二车间	第三车间
月初在产品数量	300	120	100
本月投产数量或上步转入	800	900	980
本月完工产品数量	900	980	800
月末在产品数量	200	40	280

（2）各车间各月初及本月费用资料如表8-2所示。

表8-2　各车间月初及本月费用表　　　　　　　　元

摘要		直接材料	半成品	直接人工	制造费用	合计
第一车间	月初在产品成本	16 500		12 500	8 000	37 000
	本月的生产费用	60 500		47 500	32 000	140 000
第二车间	月初在产品成本		28 560	10 800	9 000	48 360
	本月的生产费用			66 000	45 000	111 000
第三车间	月初在产品成本		30 016	12 280	10 980	53 276
	本月的生产费用			46 000	33 200	79 200

2. 要求

根据上述资料计算X产品的成本，编制各步骤成本计算单，并登记基本生产成本明细账。

（1）第一车间A半成品基本生产成本明细账如表8-3所示。

表8-3 基本生产成本明细账

车间：第一车间　　　　　　　　　产品名称：A半成品　　　　　　　　　　　元

摘 要	直接材料	直接人工	制造费用	合 计
月初在产品成本				
本月本步发生费用				
合 计				
完工的A半成品的生产成本				
月末在产品成本				

根据产品成本计算单（如表8-4所示）编制记账凭证，最后将A半成品基本生产成本明细账补充登记完整。

表8-4 产品成本计算单

车间：第一车间　　　　　　　　　产品名称：A半成品　　　　　　　　　　　元

摘 要	直接材料	直接人工	制造费用	合 计
月初在产品成本				
本月本步发生费用				
合 计				
约当产量合计				
单位成本（分配率）				
完工的A半成品的生产成本				
月末在产品成本				

（2）第二车间B半成品基本生产成本明细账如表8-5所示。

表8-5 基本生产成本明细账

车间：第二车间　　　　　　　　　产品名称：B半成品　　　　　　　　　　　元

摘 要	A半成品	直接人工	制造费用	合 计
月初在产品成本				
本月本步发生费用				
本月上步转入费用				
合 计				
完工的B半成品的生产成本				
月末在产品成本				

根据产品成本计算单（如表8-6所示）编制记账凭证，最后将B半成品基本生产成本明细账补充登记完整。

表8-6　产品成本计算单

车间：第二车间　　　　　　　　产品名称：B半成品　　　　　　　　元

摘　要	A半成品	直接人工	制造费用	合计
月初在产品成本				
本月本步发生费用				
本月上步转入费用				
合　计				
约当产量合计				
单位成本（分配率）				
完工的B半成品的生产成本				
月末在产品成本				

（3）第三车间X产品基本生产成本明细账如表8-7所示。

表8-7　基本生产成本明细账

车间：第三车间　　　　　　　　产品名称：X产品　　　　　　　　元

摘　要	B半成品	直接人工	制造费用	合计
月初在产品成本				
本月本步发生费用				
本月上步转入费用				
合　计				
完工的X产品的生产成本				
月末在产品成本				

根据产品成本计算单（如表8-8所示）编制记账凭证，最后将X产品基本生产成本明细账补充登记完整。

表8-8　产品成本计算单

车间：第三车间　　　　　　　　产品名称：X产品　　　　　　　　元

摘　要	B半成品	直接人工	制造费用	合计
月初在产品成本				
本月本步发生费用				
本月上步转入费用				
合　计				

续表

摘　要	B半成品	直接人工	制造费用	合计
约当产量合计				
单位成本（分配率）				
完工的X产品的生产成本				
月末在产品成本				

1.3　知识支撑

1. 分步法的概念

分步法是按照产品的生产步骤归集费用、计算产品成本的一种方法。

2. 分步法的特点

（1）分步法的成本计算对象是各种产品的生产步骤。生产成本明细账应按照生产步骤和产品品种设立。

（2）分步法的成本计算定期按月进行，与会计报告期一致，与产品生产周期不一致。

（3）生产费用在完工产品与在产品之间进行分配。

3. 分步法的适用范围

分步法适用于大量大批的多步骤生产且管理上要求按生产步骤计算成本的制造企业，如造纸企业可分为制浆、制纸、包装等步骤，机械企业可分为铸造、加工、装配等步骤。

4. 分步法的分类（按是否需要计算和结转各步骤半成品成本）

（1）逐步结转分步法（计算半成品成本分步法）：是按照产品的生产步骤逐步计算并结转半成品成本，最后算出产成品成本的一种分步法。又分为：

①分项结转：是指上一步骤转入下一步骤的半成品成本，以"直接材料""直接人工""制造费用"等分成本项目分别列入下一步骤的成本计算单中。

②综合结转：是指上一步骤转入下一步骤的半成品成本，以"直接材料"或专设的"半成品"项目综合列入下一步骤的成本计算单中。本项目采用该方法。

（2）平行结转分步法（不计算半成品成本分步法）：略。

5. 分步法的成本计算程序［以逐步结转分步法（综合结转）为例，图示］

（1）半成品不通过仓库收发。

（2）半成品通过仓库收发。

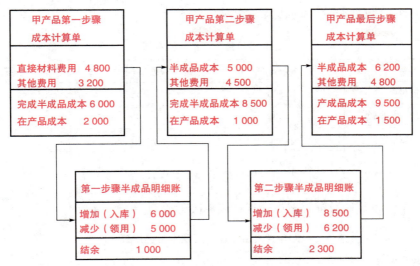

2.1 任务目标

将本项目2.2分步法综合案例"练一练"完成，对产品成本计算的基本方法——分步法的处理流程有一个基本的认识，掌握以下知识点：分步法的概念、特点、适用范围和成本计算程序。

2.2 任务内容（分步法综合案例"练一练"）

1. 案例资料

大道公司生产X产品需要经过三个基本生产车间连续加工制成，第一车间生产的A半成品直接转入第二车间，第二车间生产的B半成品直接转入第三车间，其中，1件X产品耗用1件B半成品，1件B半成品耗用1件A半成品，最终生产出X产品。公司决定采用逐步结转分步法（综合结转）归集各车间生产费用。三个车间产品所耗的原材料或半成品均是在生产开始时一次投入的，其他费用陆续发生。各车间的生产费用在完工产品和在产品之间的分配采用约当产量比例法计算，在产品完工程度均为70%。该公司202×年9月生产X产品的有关成本计算资料如下。

（1）本月各车间产量资料如表8-9所示。

表8-9　各车间产量资料表　　　　　　　　件

摘　要	第一车间	第二车间	第三车间
月初在产品数量	500	530	300
本月投产数量或上步转入	600	800	740
本月完工产品数量	800	740	800
月末在产品数量	300	590	240

（2）各车间各月初及本月费用资料如表8-10所示。

表8-10　各车间月初及本月费用表　　　　　　　元

摘　要		直接材料	半成品	直接人工	制造费用	合计
第一车间	月初在产品成本	18 000		7 500	5 000	30 500
	本月的生产费用	22 500		12 500	8 000	43 000
第二车间	月初在产品成本		18 560	10 000	7 000	35 560
	本月的生产费用		16 000	10 000	26 000
第三车间	月初在产品成本		10 016	8 280	9 980	28 276
	本月的生产费用		11 000	9 200	20 200

2. 要求

根据上述资料计算X产品的成本，编制各步骤成本计算单，并登记基本生产成本明细账。

（1）第一车间A半成品基本生产成本明细账如表8-11所示。

表8-11　基本生产成本明细账

车间：第一车间　　　　　　　产品名称：A半成品　　　　　　　元

摘　要	直接材料	直接人工	制造费用	合计
月初在产品成本				
本月本步发生费用				
合　计				
完工的A半成品的生产成本				
月末在产品成本				

根据产品成本计算单（如表8-12所示）编制记账凭证，最后将A半成品基本生产成本明细账补充登记完整。

表8-12　产品成本计算单

车间：第一车间　　　　　产品名称：A半成品　　　　　　　　　元

摘　要	直接材料	直接人工	制造费用	合　计
月初在产品成本				
本月本步发生费用				
合　计				
约当产量合计				
单位成本（分配率）				
完工的A半成品的生产成本				
月末在产品成本				

（2）第二车间B半成品基本生产成本明细账如表8-13所示。

表8-13　基本生产成本明细账

车间：第二车间　　　　　产品名称：B半成品　　　　　　　　　元

摘　要	A半成品	直接人工	制造费用	合　计
月初在产品成本				
本月本步发生费用				
本月上步转入费用				
合　计				
完工的B半成品的生产成本				
月末在产品成本				

根据产品成本计算单（如表8-14所示）编制记账凭证，最后将B半成品基本生产成本明细账补充登记完整。

表8-14　产品成本计算单

车间：第二车间　　　　　产品名称：B半成品　　　　　　　　　元

摘　要	A半成品	直接人工	制造费用	合　计
月初在产品成本				
本月本步发生费用				
本月上步转入费用				
合　计				
约当产量合计				
单位成本（分配率）				
完工的B半成品的生产成本				
月末在产品成本				

（3）第三车间X产品基本生产成本明细账如表8-15所示。

表8-15　基本生产成本明细账

车间：第三车间　　　　　　　　　　产品名称：X产品　　　　　　　　　　　　元

摘　要	B半成品	直接人工	制造费用	合计
月初在产品成本				
本月本步发生费用				
本月上步转入费用				
合　计				
完工的X产品的生产成本				
月末在产品成本				

根据产品成本计算单（如表8-16所示）编制记账凭证，最后将X产品基本生产成本明细账补充登记完整。

表8-16　产品成本计算单

车间：第三车间　　　　　　　　　　产品名称：X产品　　　　　　　　　　　　元

摘　要	B半成品	直接人工	制造费用	合计
月初在产品成本				
本月本步发生费用				
本月上步转入费用				
合　计				
约当产量合计				
单位成本（分配率）				
完工的X产品的生产成本				
月末在产品成本				

任务三　想一想

品种法、分批法、分步法的比较。

参 考 文 献

［1］汤乐平.成本会计.（第2版）[M].北京：高等教育出版社，2008.

［2］解建秀.成本核算实务[M].北京：清华大学出版社，2014.

［3］于富生，黎来芳，张敏.成本会计学.（第8版）[M].北京：中国人民大学出版社，2018.